HUGIBOOKS

ChatGPT 提問課

做個懂AI的高效工作者

從零基礎到對答如流
ChatGPT職場應用指南

目錄

第3章 了解「提示工程」，訓練你的 ChatGPT 如何思考與回應

目錄

第6章　應用篇（下）：讓ChatGPT爲你提升工作效率

前言

在現今這個高喊數位轉型的年代，人工智慧（AI）風頭正勁，掌握和善用AI工具已不再是一種選擇，而是一個必然。如果不懂得駕馭AI，就很可能會被他人取代。特別是ChatGPT自2022年11月30日問世以來，便以一種格外親民的姿態，進駐每個人的電腦桌面，等待人們的召喚與使用。

然而儘管ChatGPT乍看之下操作簡便，人人都能使用，但用得好不好卻天差地遠。本書將循序漸進，為大家解析這項AI工具的特色，以及讓它發揮更強大功能的技巧。

為了深入了解這項工具，我們會從AI的浪潮與發展沿革，以及ChatGPT在其中的角色、被開發的理由開始說起。話說回來，ChatGPT之所以能夠在對外開放兩個月即湧入上億名用戶（反觀Facebook花了4.5年的時間），成為史上用戶成長速度最快的消費級應用程式，也就是因為它是一款會說「人話」的聊天機器人。

因爲能說「人話」，所以格外引發關注。它跟其他科技工具最大不同之處，就在於使用者必須懂得如何跟它「對話」，而這是需要學習。試想，我們跟眞實的人一起工作，你都必須注重溝通表達的技巧，才能和諧共事與發揮團隊績效了，更何況是跟 ChatGPT 共事，更是必須能叫得動它，而且用更精準的指令，交辦它把工作做好，幫你做到事半功倍的境界。

事實上，近一年來有許多的書籍、線上課程在介紹 ChatGPT 的使用法，甚至網路上也搜尋得到琳琅滿目的提示詞（Prompts）大全，但是很多人獨自面對時，仍然不知如何下手，也不曉得該如何從中取得滿意的答案？說來有點可惜，這都是因爲不清楚 ChatGPT 的能耐與限制，以及與它對話的技巧。

本書除了會用實際案例爲你示範一些基礎對話的邏輯之外，也會花點篇幅跟大家介紹一些理論，雖然可能有些部分較爲艱澀，但我的起心動念很簡單，主要是想幫助大家從更上一層的「思維」說起，搞懂提示工程（Prompt Engineering）的眞正奧義。

此外，我始終相信：**會思考的是人，而不是工具。**

因此我認爲面對 ChatGPT，不能光把問題丟給它。你是造局者，即使科技再進步，你依舊必須是會思考解決問題的

方案的那個人。

你必須**懂得思維鏈、辯證框架，帶著這種「地圖」和「指南針」去問，才會問出深度，甚至得到腦力激盪的效果**。我在書中會介紹幾種思考框架，供大家參考應用。

此外，書中許多地方都會**運用 ChatGPT 所生成的情境故事與對話**，這些案例可以讓我們知道各個領域的應用場景，而針對似乎與我們個人不相干的工作場景，我們都可以像追劇一樣，熟習並學習理想對答的常模，就像「看美劇學美語」一樣，去熟悉職場中的各種情境。細看時，也能在 ChatGPT 生成的對話中，觀摩各種困境與需要，進而思索可能理想的提示詞樣貌為何？

與 ChatGPT 對話需要練習，就像我們想成為一個成熟的社交或工作達人，都需要學會說話術一樣！背後重要的都是「你怎麼想這件事」、「你要採取怎樣的態度」、「你選擇以怎樣的步驟跟語氣跟人說話」。與 ChatGPT 交談與交辦的技術如果掌握得好，你會發現自己雖是一個人，但宛若配備了一整個虛擬團隊。

如果你希望 ChatGPT 可以成為你的神隊友，那麼就從現在開始，讓我們一起踏上這場學習的征程！

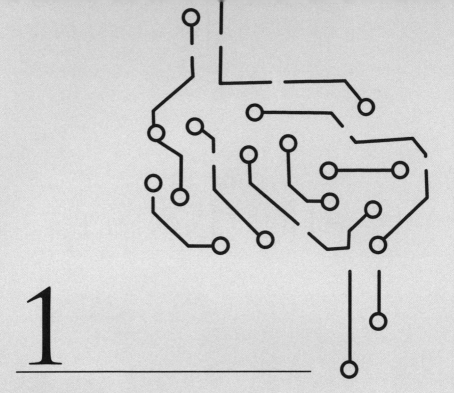

1

開啟你的 AI 元年

第一節
AI 的時代來臨了

　　想像一下，你剛剛走進街角的一家咖啡店，還沒來得及開口，店裡的智慧助理就已經自動識別出你的面孔。它知悉你所鍾愛的咖啡品味，立刻開始為你製作平時最喜歡的香醇拿鐵。嗯，聽起來是不是很美好？嘿，這可不是科幻小說裡頭才會出現的場景，而是人工智慧（artificial intelligence，AI）帶來的未來。

　　毫無疑問，AI的時代已經來臨了！現在先讓我們快速透過艾咪的故事，來了解AI能帶來的改變。

　　艾咪是一名年輕的創業家，她有一個AI助手名叫阿爾法

（Alpha）。她經常針對工作上的問題與阿爾法對話，阿爾法不僅幫助她更有效率管理日常工作，還能夠分析市場趨勢，甚至預測哪些決策可能會成功？

阿爾法是一個基於機器學習演算法的 AI 助手，它雖然不是真人，卻是艾咪的神隊友。簡單來說，**AI 是一種讓機器模仿人類的思維和行為的技術。它可以學習、推理和解決問題，甚至能夠理解人類的自然語言。**

和許多投入新創事業的創業人士一樣，艾咪在創業過程中同樣面臨了一個問題：她的公司需要擴大業務，但她不確定應該從哪裡開始？這時，阿爾法為她分析了大量的數據，並建議她投資位於東南亞的某個新興市場。

阿爾法的建議並不是天外飛來一筆，隨意發想的，而是爬梳了大量資料與研究案例，基於對過去和現在數據的深入分析。正因為 AI 可以處理和分析大量的數據，並從中找出有用的訊息。它也可以自動化處理許多繁瑣的工作，進而提高人們的工作效率。

艾咪參考了阿爾法的建議採取行動，最終成功地擴大了她的業務。她意識到，AI 不僅是一個工具，更可以是一股改變未來的力量。

艾咪的公司在新興市場取得了成功，但她知道這只是一個開始。在許多關於業務突破方面的議題對話之中，阿爾法也提醒她，除了開拓新市場，也應該留意各種嶄新的商業模式，例如共享經濟和去中心化平臺等。

由於阿爾法提到了去中心化平臺（如區塊鏈技術）和共享經濟（如 Uber 和 Airbnb），讓艾咪心生警惕，某些進行中的顛覆性商業模式有可能會威脅到她的公司，而公司需要加速適應這些新模式，否則可能會被市場淘汰。這不僅需要膽識和創新，還必須與時俱進，並與其他的企業合作。

　　事實上，AI 不僅會加速迭代許多企業原本仰賴的商業模式，還會改變各種工作場景的運作方式。箇中的道理顯而易見，因為 AI 和其他的資訊技術使遠距工作（remote work）或數位遊牧（digital nomad）成為可能，同時也加速了工作流程的自動化進展。

　　時光飛逝，隨著艾咪的生意逐漸上軌道，她也一路為員工提供持續教育和培訓，以適應這些變革。

　　除了商業邏輯與資訊技術的演進，其他的一些議題也不容小覷。AI 的發展也會帶來一系列社會和倫理問題，好比數據隱私和就業不平等。這讓艾咪意識到，做為一名企業主，她也必須在這些面向多所顧慮，確保她的公司在利用 AI 時能夠遵循倫理原則。

　　艾咪帶領著她的同事們共創未來，她也不忘和阿爾法一同面對著 AI 帶來的各種機會與挑戰。她知道，只有透過不斷地學習、成長，以及迅速適應外在環境的變遷，才能在這個 AI 時代中取得成功。

　　故事先說到這裡，回到一個值得「每個人」關注的問題，

那就是為何我們應該要了解甚至學習AI？只要留心，你會逐漸看見AI對個人的衝擊與影響，其中，有兩個面向是我們必定會目睹的發展：

- **協助解決複雜問題**　AI有能力處理和解決人類難以解決的複雜問題。
- **改變未來就業機會**　隨著AI的發展，將會有越來越多與AI相關的工作機會應運而生，但也會帶動某些職位的淘汰。

　　解決問題的部分，除了如前述艾咪的故事中，企業能運用其強大的數據分析力，突破業務拓展瓶頸之外，在各領域應用上都能應付極為複雜的問題。

　　好比由DeepMind所開發的AlphaFold，它能預測蛋白質的三維結構，協助科學家們解決困擾科學多年的問題。AlphaFold在2018年的蛋白質結構預測關鍵評估（critical assessment of protein structure prediction，CASP）競賽中脫穎而出，一舉獲得冠軍。兩年後，再以AlphaFold 2創下更高的預測準確率，破解了已存在半世紀的生物學上的蛋白質折疊難題。顯而易見，由AI在生物、醫學等範疇所帶來的突破，可望對藥物發展和醫治多種疾病產生巨大的影響。

　　未來每個人的工作領域之中，針對棘手的瓶頸，都可望透過對AI的高效運算分析應用善加運用，來尋求關鍵性突破，

進而取得個人在職場甚或業界的領先的契機。

　　關於未來的就業機會，根據世界經濟論壇（world economic forum，WEF）於2023年4月30日公布調查800多家企業的研究報告指出，隨著經濟衰退，以及各大企業紛紛採用人工智慧等科技取代人力，全球就業市場在未來5年將受到巨大衝擊。

　　在2027年之前，全球就業市場預料會產生6900萬份新工作，但也將淘汰8300萬個職位，這使得工作崗位淨減少1400萬個，約為目前整體工作數量的2%。

　　換言之，各企業將會需要更多員工協助運用與管理AI工具。截至2027年，資訊分析師、科學家、機器學習專家和網路安全專家的職位預估平均將成長30%。

　　與此同時，AI的擴大運用也會讓許多職務出現存續危機，有些將以機械化取代人工。世界經濟論壇推測，在2027年前，將會減少約2600萬份紀錄保存與行政工作。其中，又以負責輸入資料的行政人員以及秘書預料將受到最大的衝擊。

　　整體而言，就像前面所提到的故事。AI時代已經來臨了，而且誠然有巨大的潛力能夠改變我們的工作。它不僅可以幫助我們做出更好的決策，還可以開創新的可能性。正因為AI將是未來工作與生活中不可或缺的一部分，所以現在正是學習和理解AI的最佳時機！

從AI發展沿革，看懂它能做什麼

大家或許是在近幾年對AI特別有感，覺得這是震撼人心的新技術，但實際上所有技術的發展，都並非一夜之間形成。我在此簡述AI的發展沿革，提供給有興趣稍微延伸了解背景知識的讀者參考，可以從中更了解這項工具的特質，以及它會在哪些層面帶來改變。

AI的發展最早可以追溯到20世紀40年代，當時的英國電腦科學家艾倫・圖靈（Alan Turing）提出了「圖靈測試」（turing test）做為衡量機器智慧的標準。然而AI做為一個獨立的學科，真正肇基於1956年的美國達特茅斯會議。

在這次會議上，由約翰・麥卡錫（John McCarthy）、馬文・明斯基（Marvin Minsky）、那桑尼爾・羅徹斯特（Nathaniel Rochester）和克勞德・山農（Claude Shannon）等學者共同倡議創立了AI這一個學科。

有關AI的發展沿革，可以簡單劃分為以下幾個階段：

- **早期研究（1956年～1974年）** 這一時期的研究主要集中在基本問題和理論模型上，例如搜尋算法和知識表示（knowledge representation）。
- **AI冬季（1974年～1980年）** 由於早期的期望過高，結果未能達到，因此研究資金被大幅削減。

- **專家系統時代（1980年～1987年）** 專家系統（expert system）開始在特定領域（如醫療診斷和股票交易）中取得成功。
- **第二次AI冬季（1987年～1993年）** 專家系統的局限性讓人們再次對AI失去信心。
- **機器學習與數據驅動（1993年～2010年）** 隨著計算能力的提升和數據的累積，機器學習（machine learning）演算法（特別是神經網路）開始崛起。
- **深度學習與AI革命（2010年至今）** 深度學習（deep learning）演算法和大數據的結合，讓AI達到了前所未有的高度。

雖然AI發展至今已有接近70年的歷史，但這一路走來並不十分順遂。也許你會感到好奇，為何最近這一兩年AI的發展如此快速，甚至令人感到驚豔不已？這一切是怎麼來的呢？

根據諸多專家、學者的分析，這一波的AI浪潮的背後有幾個關鍵助力：

- **計算能力的提升** GPU（繪圖處理器）和專用AI晶片的出現，大大加速了模型訓練速度。
- **數據的爆炸性增長** 網際網路和物聯網（IoT）的普及，產生了大量的數據，這些數據成為訓練模型的「燃料」。

- **算法的進步** 特別是深度學習算法，如卷積神經網路（convolutional neural network，CNN）和遞歸神經網路（recurrent neural network，RNN），在圖像識別、自然語言處理等方面取得了突破。
- **資金和政策支持** 全球各地都在積極發展 AI，特別是美國和中國這兩大強國，都有大量的資金和政策支持 AI 的發展。
- **商業應用的多樣性** 從自動駕駛到醫療診斷，AI 在各個領域都有廣泛的應用與發展。

AI 的發展讓人津津樂道，應用也進入各個領域，紛紛展現出令人驚豔的實力，並帶來許多新的刺激與潛在的延伸發展契機，比如以下三個例子：

- **AlphaGo** 由 DeepMind 開發，它是第一個擊敗世界一流圍棋選手的 AI 軟體。這一突破不僅改變了圍棋與數學的專業領域的發展，也讓人們感受到了 AI 在解決複雜問題方面的能力。
- **Tesla 的自動駕駛** 雖然目前還在發展階段，但已經展現了 AI 在未來交通和物流方面的巨大潛力。
- **OpenAI 的 GPT-4** 這是一個自然語言處理模型，能夠生成極為逼真的文本。它的出現，讓人們重新思考了 AI 在創作和溝通方面的潛力。

與其擔心被 AI 取代，
不如把自己與公司「AI化」

事實上，AI的應用已經深入滲透到各個角落，並等著大家延伸開發出更多應用，以目前來說，AI在企業與職場，有幾種主要的應用面向：

1. **網路安全**：網路安全可說是一個日益重要的領域，尤其是在數據洩露和網絡攻擊越來越頻繁的今天，AI可以幫助企業更有效地識別和防止安全威脅。
   - **詐騙檢測** AI演算法可以即時分析交易數據，用來辨識異常的模式和可能的詐騙行為。
   - **數據保護** AI可以自動加密數據和監控數據流，以防止未經授權的訪問。

Mastercard便使用AI來分析每一筆交易，以防止信用卡欺詐。這種方式每年幫助他們節省數百萬美元。

2. **內部通訊**：企業內部的通訊，可說是維繫企業營運的關鍵部分。AI可以讓許多企業內部溝通的通訊任務自動化，進而提高效率。
   - **郵件自動化** AI可以幫助自動分類、回覆和轉發

郵件。

- **報告生成**　AI可以自動生成銷售報告、財務報告等。
- **Google的Smart Compose功能**　使用AI來預測用戶在寫郵件時可能會使用的下一個單詞或短語，進而加速郵件的撰寫過程。

3. **客戶關係**：在今天的競爭激烈的商業環境中，優化客戶體驗可說是成功的關鍵之一。AI可以在這個領域之中，發揮巨大作用。

- **聊天機器人**　AI驅動的聊天機器人可以提供24/7（一天24小時，一星期7天）的客戶服務。
- **個性化服務**　AI可以分析客戶數據以提供更個性化的產品推薦和服務。

Amazon使用了AI算法來分析客戶購買歷史和瀏覽行為，以提供個性化的產品推薦。

4. **內容生成**：內容生成是許多企業，尤其是線上業務的重要組成部分。AI可以為人們分憂解勞，自動生成高品質的內容。

- **網站內容**　AI可以自動生成新聞摘要、產品描述等。

- **多語言內容**　AI可以自動翻譯內容，以達到覆蓋全球的廣大用戶。

　　全球知名的媒體機構美聯社從2014年起，就開始使用軟體自動產生每季財報新聞。至今美聯社每季約有上千則新聞都是透過軟體產製。這樣的做法不僅提高了生產效率，還確保了訊息的準確性。

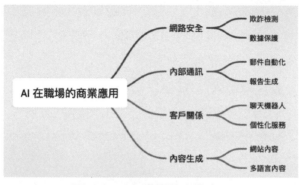

圖 1-1　AI 在職場的商業應用

　　根據全球知名的市場研究機構Gartner最近所發表的2024年10大科技趨勢預測，生成式AI及其影響將是未來的主要關注重點。Gartner指出，屆時將有更多開源預訓練模型和雲端運算應運而生，得以讓更多人能夠使用生成式AI。該公司更預測到了2026年時，將有超過8成的企業將在正式環境中使用生成式AI API和模型，或部署支援生成式AI的應用程式。

此外，各種生成式 AI 工具也會強化程式開發工作，幫助軟體工程師設計、編寫和測試應用程式。2024 年，市場上會出現更多藉由 AI 自主學習和回應的智慧型應用程式，以自動化工作的方式來提升工作效率。

看到這裡，相信你已經不難理解 AI 的魅力與威力了！雖然就整個 AI 產業的發展歷程來看，歷經了將近 70 個年頭，但衡諸近期的資訊科技發展，我們可以說現在還處於成熟應用的早期階段。是的，我們何其有幸，能夠躬逢其盛。

時序進入 2024 年，如果你還沒深入了解或應用它，我鼓勵你就此開啟你的 AI 元年。

而面對一日千里的快速發展，我也可以理解有些朋友的心情難免忐忑不安。不過，換個角度思考，明白了以上這些應用，做為職場工作者，不必太過焦慮有關「被 AI 取代」的議題，反而可以在你的日常工作，試著刻意讓 AI 工具進入你的工作流程中，開始熟悉並習慣與 AI 工具「共事」，提高你的個人競爭力。

更進一步，你還可以在職權範圍之內，向公司提出建議，甚至自願主導導入一些新興工具，來讓公司 AI 化，提升營運效率，讓你的公司在同業間，突破重圍創造出新的利基。

第二節
ChatGPT 橫空出世

　　AI 的範疇相當廣，本書主要會著重在 ChatGPT 的基礎上，展開完整的應用教學。ChatGPT 簡單說就是個「聊天機器人」，在正式學習與它「共事」技巧之前，讓我們先來認識一下它的出身背景。以下，讓我簡略地介紹有關 ChatGPT 的發展沿革、特色、功能等相關資訊。

　　要談到 ChatGPT，自然得先介紹它的幕後推手 OpenAI 公司。

　　在 2015 年，有一群全球科技界的重量級人物，包括特斯拉（Tesla）的創辦人馬斯克（Elon Musk）、創投公司 Y

Combinator 的共同主席山姆・奧特曼（Sam Altman），以及多名頂尖的機器學習專家，共同創立了 OpenAI。

OpenAI 的總部設於美國舊金山教會區的先鋒大廈，一開始募集了 10 億美元。這個組織的成立背後有一個宏偉的願景：確保人工智慧的發展能夠安全並且造福全人類。

OpenAI 的主要目標是推動「友好 AI」的研究和開發。這意味著他們不僅關注 AI 性能的提升，還關注如何使 AI 在道德和安全方面更加可靠。為了達到這一目標，OpenAI 採取了多種策略，包括公開研究、開發開放源碼（Open Source），以及與全球的研究社群進行合作。

除了基礎研究之外，OpenAI 也發布了一系列具有突破性的產品和工具。其中最著名也最廣為人知的，就是 GPT（Generative Pre-trained Transformer；生成式預訓練轉換器）系列模型。這系列模型主要特徵是「懂人話」，也就是在自然語言處理（NLP）領域取得了重大突破，並且被廣泛應用於各種商業和研究場景。

有關 OpenAI 的相關資訊，可參考下表：

表1-1 OpenAI 公司基本資料

事由	重點資訊
成立時間	2015年

事由	重點資訊
創辦人	Elon Musk、Sam Altman、Wojciech Zaremba、Ilya Sutskever、Greg Brockman 等
主要目標	促進和發展友善人類的人工智慧，確保AI的安全性和普及性
主要研究方向	自然語言處理、機器學習、機器人技術、AI安全性等
重要專案	GPT系列（GPT-1，GPT-2，GPT-3，GPT-4）、DALL-E（圖像生成）、CLIP（視覺與語言模型）
商業模式	API服務、研究發表、與企業和學術界合作
社會影響	推動AI倫理和安全性的討論，開放部分研究成果以促進學術發展
與ChatGPT的關聯	ChatGPT是基於OpenAI的GPT系列所開發的，用於多種自然語言處理任務

別把ChatGPT當搜尋引擎用

ChatGPT是一種先進的自然語言處理模型，可以像人們一樣理解和回應人類的語言。它是運用來自網際網路的大量文本數據（包括書籍、文章和網站）進行訓練，以深入了解人類語言的細微差別。有了這些先備知識，ChatGPT就可以自動執行各種任務並生成類似人類的回應，使其成為專業

人士的寶貴工具。

我相信已經有不少人接觸過 ChatGPT，但我也知道大家對 ChatGPT 的表現未必滿意。我從 2023 年開始，陸續開設一些有關 AI 寫作與數位行銷的講座，也從多次應邀幫中大型企業、公部門進行內部教育訓練。當我提到 ChatGPT 的時候，大家普遍覺得這是一個新鮮有趣的玩意兒，也都曾以嘗鮮的心態體驗過。

很多人一開始不夠理解，所以比方要它寫寫情詩、預估股市行情或是預測下一屆總統人選等等。想當然耳，如果你只是把它當作是茶餘飯後的消遣或談資，這當然沒啥不可。但是也曾有不少朋友跟我抱怨：「老師，ChatGPT 根本不準！」當我聽到這樣的評論，不免露出會心一笑。

是啊！ChatGPT 的強項並不在於找到問題的答案。換句話說，請你別把它當成 Google、Baidu 或是 Bing 之外的另一個搜尋引擎。我們雖然很習慣使用搜尋引擎來查找資料，但請謹記 ChatGPT 並非搜尋引擎唷！

的確，現在當我們談到資訊與內容的取得時，最常聯想到的可能就是 Google 和 ChatGPT 了。儘管這兩者都同樣是非常強大的資訊工具，但它們在許多方面卻有著本質的不同。

首先，像 Google 這樣的搜尋引擎，主要功能是根據用戶的查詢，從網路上找到最相關的資訊。這些資訊通常是以網頁的形式存在的，並且已經被 Google 的爬蟲索引過。換句話說，**Google 是一個奠基於資訊檢索的網路服務。**

相比之下，ChatGPT 則是一個內容生成的 AI 工具。**它不是從網路上蒐集資訊，而是根據自家的語料庫中的訓練數據來生成內容**。這也意味著，當你問 ChatGPT 任何一個問題時，它會根據自己的「理解」來生成一個答案，而不是簡單地從某個資料庫之中去撈取答案。

ChatGPT 之所以不應被視為傳統的搜尋引擎，主要的原因如下：

1. 資料更新的限制

- **知識截止日期** ChatGPT 的訓練資料有截止日期（截稿前的最新版本是 2023 年 4 月），這意味著在這之後發生的事件或新資訊，ChatGPT 可能不會知道。
- **無法即時更新** 與搜尋引擎不同，ChatGPT 無法即時更新資訊，這對於需要最新資訊的查詢尤為重要。

2. 資訊準確性與深度

- **準確性** ChatGPT 的回答可能會基於過時或不完整的資訊，導致準確度受限。
- **資訊深度** 搜尋引擎能提供大量連結，用戶可以深入研究，而 ChatGPT 提供的資訊相對有限。

3. 客製化與互動性

- **問題理解** ChatGPT 可能不會像搜尋引擎那樣精確地

理解查詢的具體語境。

- **對話式互動** ChatGPT 提供對話式的互動，這有助於
釐清和細化查詢，但也可能導致理解上的歧義。

針對這些限制，**改進方法有：**

- **結合搜尋引擎** 在使用 ChatGPT 時，可併用搜尋引擎
以獲取最新或更深入的資訊。
- **持續追問** 透過多輪對話，確認和精確化所需資訊。
可搭配我之後會介紹的「思維鏈」方法，進行提問。
- **關注資訊來源** 在使用 ChatGPT 提供的資訊時，請記
得事先查證，確認關注資料來源和可能的偏差。

這兩種工具乍看似乎很像，但實際上了解之後會明白有
著重大的差別。例如：如果你想知道「什麼是光合作用」，
Google 會提供一系列關於光合作用的網頁，好比維基百科
之中有關「光合作用」的條目，讓你自行閱讀和整理這些資
訊。反觀 ChatGPT 的做法則不同，它會直接生成一個簡單
易懂的答案給你，比如：「光合作用是植物利用陽光、水和
二氧化碳來產生氧氣和葡萄糖的過程。」

甚至如果你付費訂閱 ChatGPT Plus 的話，還可以搭配使
用各種外掛程式（Plugin）來繪製心智圖或找尋相關的學術
論文（圖1-2）。

在實用性方面，Google 更適用於快速查找確定的事實或

圖 1-2 使用 ChatGPT Plus 可以藉由外掛程式查找期刊論文

數據。例如：如果你想知道瑞典的首都是哪個城市？或者想找到一個特定的食譜（好比如何做一道麻婆豆腐或宮保雞丁），Google 或其他的搜尋引擎在這方面可說是非常有效的工具，能快速地從數以億計的網頁中找到最相關的資訊。

　　然而 ChatGPT 是在生成內容文本、解釋概念或進行多輪對話方面有著獨特的優勢。假設你是一名在電商產業任職的業務經理，正在考慮如何提升團隊的業績，你詢問 ChatGPT：「針對 2024 年的國際電商市場局勢發展，如何提升銷售團隊的業績？」它不僅會提供一個答案，還可能會生成一個完整的銷售策略，包括市場分析、目標設定、銷售

策略、客戶服務和行動計畫。

　　換句話說，這種「生成」能力有別於傳統的搜尋引擎，也使得ChatGPT在教育、培訓、創意寫作和客戶服務等諸多領域都有著廣泛的應用。它可以做為一個虛擬助手，幫助用戶解決各種問題；也可以當作一個創意工具，幫助作家和創作者生成新的靈感和內容。

　　有關ChatGPT和Google的比較，可以參考下表：

表1-2 ChatGPT與Google比較

事由	ChatGPT（大型語言模型）	Google（搜尋引擎）
主要功能	文本生成和理解	資訊檢索和排序
數據來源	預先訓練的大型語料庫	網路爬蟲抓取的即時網頁數據
互動方式	雙向對話，用戶可提問或請求生成內容文本	單向查詢，用戶輸入關鍵字獲取搜尋結果
即時性	固定的訓練數據，不會即時更新	即時更新的搜尋結果，包括最新的網頁和新聞
複雜問題的解決能力	能夠生成複雜的回答或內容文本	主要提供現有網頁的連結，不生成新的文本
用戶定製	透過API參數進行一定程度的定製	透過搜尋算法和用戶歷史數據進行個性化

事由	ChatGPT （大型語言模型）	Google（搜尋引擎）
應用場景	客戶服務、內容創作、教育輔導、程式設計輔助等	搜尋資訊、廣告投放、數據分析、市場研究等
語境理解和生成能力	高度專注於語境理解和文本生成	主要專注於關鍵字匹配和頁面排名

大型語言模型的爭相競逐

ChatGPT 並非搜尋引擎，那麼它是什麼？它是一種「大型語言模型」（large language model，LLM）。這也是進入 AI 時代我們必須認識的工具。簡單來說，大型語言模型是基於大量資料進行預訓練的超大型深度學習模型。

在大型語言模型的世界裡，ChatGPT、Claude 和 Bard 可說是目前最受關注的幾個模型。它們分別由 OpenAI、Anthropic 和 Google 所開發，並且在許多方面有著不同的特點和優勢。

ChatGPT 是一個全面而多功能的大型語言模型，它可以應用於多種不同的應用場景。從客戶服務和內容生成，到語言翻譯和代碼寫作，ChatGPT 都有出色的表現。

Claude 則是一個專注於人類行為模擬的模型。它是由 Anthropic 公司所開發，這是一家專注於 AI 安全和道德問題

的公司。Claude的主要應用場景包括心理學研究、人機交互和遊戲設計等。

　　Bard是由Google公司所開發的，最初基於大型語言模型的LaMDA系列，後來基於PaLM2（LLM）。為了與OpenAI公司開發的ChatGPT相互抗衡，Google在2023年2月6日發布Bard，並於2023年3月21日正式推出，並於7月13日宣布更新Bard，使它能理解包括中文在內的40多種語言，也在歐盟、巴西等地上線。

　　有關ChatGPT、Claude和Bard的比較，可參考下表：

表1-3 現有主要大型語言模型工具的比較

事由	ChatGPT	Claude	Bard
開發者	OpenAI	Anthropic	Google
主要技術	GPT系列（Transformers架構）	尚未公開具體技術細節	基於Transformer架構的Seq2Seq模型
自然語言生成	高度專注，生成文本更自然流暢	專注於安全和可解釋性	專注於文本摘要和翻譯
互動性	高度互動，適用於對話和問答	高度互動，適用於對話和問答	中等互動性，可用於多種NLP任務

事由	ChatGPT	Claude	Bard
應用場景	客戶服務、內容創作、教育輔導等	客戶服務、內容創作、教育輔導等	新聞摘要、文本生成、翻譯等
可定製性	有限（主要透過API參數調整）	尚未公開	中等（可透過預訓練模型進行微調）
社會影響	主要在自然語言生成和理解方面有影響	專注於 AI 安全和可解釋性	在文本摘要和自然語言理解方面有影響

　　而本書主要介紹的GPT系列模型，功能則是這樣逐步演進而來：

GPT-1

發布時間　2018年2月

主要特點　初步實現了 Transformer 架構在自然語言處理上的應用。

應用場景　主要用於研究目的，對外界影響相對有限。

GPT-2

發布時間　2019年2月14日

主要特點　語言模型大小和性能有顯著提升，但由於生成能力過強，最初未完全公開。

應用場景 內容生成、簡單的問答系統、遊戲開發等。

GPT-3

發布時間 2020 年 6 月 11 日

主要特點 擁有 1750 億個參數，成為當時世界上最大的語言模型。根據美國史丹福大學的研究發現，GPT-3 已經可以解決 70% 的心智理論任務，相當於 7 歲兒童；至於 GPT3.5（ChatGPT 的同源模型），更是解決了 93% 的任務，心智相當於 9 歲兒童！

應用場景 從寫作助手到程式代碼生成，應用範圍非常廣泛。

GPT-4

發布時間 2023 年 3 月 14 日

主要特點 1. 更多參數，預計會超過 GPT-3 的 1750 億參數，可能達到數兆或更多。2. 更高性能，預計在語言理解和生成方面會有更高的準確性和自然性。3. 更安全，OpenAI 已經在 GPT-3 上進行了一些安全性改進，GPT-4 預計會在這方面有更多突破。

應用場景 1. 多領域擴展，預計會擴大到更多領域，包括但不限於醫療、法律和科研。2. 更智能的對

話，可能會有更先進的多輪對話能力，能更好地理解和回應用戶需求。3.自動撰寫程式，有可能會在程式代碼生成和軟體開發方面有更多的應用。

商業模式 鑑於GPT-3在商業領域所取得的成功經驗，GPT-4採用訂閱或授權模式。

從GPT-1到GPT-4，每一代模型都在不斷地進化。特別是GPT-3和2023年春天所推出的GPT-4，不僅在模型規模和性能有了顯著提升，應用場景也更加多樣和廣泛。

ChatGPT的特色與應用場景

接下來讓我來解說有關ChatGPT的特色、功能和應用場景：

1.特色：比搜尋提供更多的回答

ChatGPT不僅僅是一個能回答問題的聊天機器人，它更是一個能理解和生成自然語言的高度互動模型。這一點在多輪對話中表現得尤為明顯。例如：當用戶問及「全球暖化造成的影響」時，ChatGPT不僅能列出科學數據，還能進一步詳述其對生態系統、經濟和社會的影響。

2. 功能：超越內容文本的生成

　　儘管內容生成是ChatGPT的一個主要功能，但它也能執行更多高級任務。例如：在程式代碼輔助的方面，ChatGPT能夠生成簡單的Python或JavaScript程式代碼片段，幫助開發者解決問題。這不僅僅是單純的內容生成，更是一種高級的語義理解和應用。

3. 應用場景：培訓、客服、創意

- **教育培訓**　在教育培訓領域，ChatGPT能做為一個虛擬教師，幫助學生解答各種學科問題。例如：對於一個歷史問題，ChatGPT不僅能提供事實性的回答，還能進一步解釋背後的歷史背景和影響，使學生能夠更全面地理解。

- **客戶服務**　在客戶服務中心，ChatGPT能夠自動回答客戶的常見問題，並根據問題的複雜性，選擇轉接到人工客服或自動生成更詳細的回答。這不僅提高了服務效率，也大大減少了人工客服的工作負擔。

- **創意寫作**　對於創意寫作，ChatGPT可以做為一個寫作助手，提供敘事建議或生成故事概念。例如：當一個作家在創作一部科幻小說時，可以使用ChatGPT來生成未來世界的設定或角色背景，進而豐富故事的場景與內容。

以往如果想要學習一項新的技能，我們可能需要上課或買書，但如今藉由 ChatGPT 的協助，可以幫我們找到方向。舉例來說，最近我想要自修 Python 語言程式，這時便可以請 ChatGPT 幫忙擬定自學計畫。

> 👤 **Vista**　我想從頭學習 Python、Github 和入門 LLM。請你幫我規劃一套完整的 100 天學習計畫，好嗎？請注意，我已經很久沒有碰程式了，想要重新開始學習，請你幫幫忙。

🔵 **ChatGPT**　為了滿足您從零開始學習 Python、GitHub 以及大型語言模型（LLM）的需求，我為您設計了一個 100 天的學習計畫。這個計畫將分為幾個階段，從基礎的程式設計技能開始，逐步過度到更高級的概念和應用。

第一階段：Python 基礎（天數：1-30）
目標　了解程式設計的基礎和 Python 語言的基礎結構。
學習資源　Python 官方文件、Codecademy 或 Coursera 上的 Python 入門課程
學習計畫
第 1-10 天：Python 語法基礎，包括變量、數據類型、

操作符。

第11-20天：控制結構，包括if語句、迴圈、函數。

第21-30天：數據結構，包括列表、元組、字典和集合；簡單的錯誤處理。

第二階段：進階Python與GitHub入門（天數：31-60）

目標 掌握 Python 的進階功能並了解如何使用 GitHub。

學習資源 GitHub 的官方指南、進階 Python 教程，如 Real Python

學習計畫

第31-40天：學習類和物件導向編程。

第41-50天：了解例外處理、模組和包的使用。

第51-60天：GitHub 的基礎，包括創建存儲庫、提交、分支和合併請求。

第三階段：初探機器學習與NLP（天數：61-80）

目標 了解機器學習的基本概念和自然語言處理（NLP）。

學習資源 Coursera 或 edX 上的機器學習入門課程、Python 的 NLP 庫資源，如 NLTK 或 spaCy

學習計畫

第61-70天：機器學習基礎，包括監督式學習、非監督式學習。

第71-80天：基本的NLP概念，實踐文本處理和分析。

第四階段：LLM和實際應用（天數：81-100）

目標 了解並開始實踐LLM。

學習資源 OpenAI提供的文件和教程、相關的 GitHub專案和社群論壇

學習計畫

第81-90天：了解LLM的基本原理，包括轉換器模型（Transformer models）。

第91-100天：開始使用LLM，例如透過OpenAI的 API進行實驗，實踐基本的文本生成和處理任務。

總結

這個計畫旨在逐步引導您從完全的初學者成長為能夠理解並應用LLM的技術人員。每個階段都有推薦的學習資源和具體的學習目標。記住，學習編程和機器學習是一個不斷實踐和適應的過程，保持耐心和持續的學習態度對您來說非常重要。

　　綜觀AI發展的現況，我們不難理解這些大型語言模型，正快速地改變人們與數位世界的互動方式。從OpenAI的

GPT系列到其他公司的產品，這些先進的AI模型不僅在技術上達到了新的高度，也在商業和社會應用方面產生了深遠的影響。隨著技術的不斷發展，我們有理由相信，以大型語言模型爲主的生成式AI將在未來繼續爲我們帶來更多驚喜和可能性。

第三節
跨入 AI 時代的第一步

想像一下，有一天當你無意中聽到同事們在茶水間談論
AI時，你的內心有什麼樣的感受呢？或者你會不會主動加
入他們的討論呢？

倘若你先前不大理解 AI，或者也還沒有機會嘗試
ChatGPT、Midjourney等AI工具的話，可能會對此感到有
些不知所措吧？

你或許也會想，「AI到底是什麼呢？它會影響我的工作或
生活嗎？」隨著近年來媒體的大肆報導，這些疑問可能開始
在你的腦海中盤旋。

AI應用已進入許多生活層面

其實AI已經滲透在你生活周遭，如果你平時喜歡追劇的話，我想你對Netflix或YouTube等影音串流平臺應該不陌生。Netflix、YouTube便是運用了某些AI的技術，來推薦適合你的影片。

另外，如果你平時喜歡喝咖啡，也是星巴克的愛好者，你或許也有興趣知道，這家來自美國西雅圖的知名連鎖咖啡品牌，其實某種程度已經可說是一家不折不扣的「科技公司」了。

星巴克從1971年創立以來，曾歷經多次的轉型：第一次是在1987年，他們決定從專賣咖啡豆的事業轉進開設咖啡館事業，第二次則是從2008年開始，該公司開始意識到數據的重要性，因而展開一系列的數位轉型。

星巴克在2019年時，宣布開發名爲「深焙」（deep brew）的AI技術。他們藉此分析消費者的購買習慣與偏好，進而提供各種個性化的飲品推薦。

事實上，我們每個人現在可能都已經是已AI化企業的消費者（不論你是否有察覺）。仔細想想，如果星巴克可以這樣做，當然我們也可以在自己所在的各領域中找到AI的應用場景。

AI可以成爲你的小幫手，它會默默地在背後協助你。舉

例來說，當你打開電子信箱，它會自動過濾垃圾郵件，讓你把寶貴的時間專注於重要的事務上。在你需要準備一份銷售報告時，它也能夠即時提供相關的市場數據。

假如你是一名業務主管或銷售經理，也可以借鑑星巴克思路，來增進你的工作表現，比如透過ChatGPT或其他的AI工具，幫助你**分析過去的銷售數據**，提前預測哪種產品在下一季會受到歡迎？如此一來，你就能夠提前做好庫存準備。

再換一個時空場景，假設你是一位人力資源主管，遇到畢業季節，如雪片般飛來的大量求職申請信，也許會讓你感到不堪重負。這時若能運用一些AI工具來幫忙**自動篩選合適的人選**，就可以讓你把更多時間用在面試和員工培訓上。

別以為剛剛我所說的事情，都是未來式唷！如果你平時需要跟國外客戶往來，在撰寫商業書信時，可以嘗試使用一款名為Grammarly的AI寫作輔助工具幫忙**校對文法**；或者，也可以透過空閒時間連上Duolingo（多鄰國）這款語言學習網站及應用程式來**學習外語**。

如果你是一名市場分析師，每天需要大量瀏覽網路資訊以收集消費者的評價與意見回饋，但這實在太耗時了。這時AI工具就派上了用場，它可以幫忙自動**搜尋和彙整相關資料**，甚至還能根據大數據分析，給出消費者對某個產品的整體感受。

假如你是一名記帳士或會計師，想必在每個月底或報稅季節來臨時，都需要花費大量時間在為客戶產製報表上頭吧？

這時 AI 可以幫你自動**彙整數據和生成報告**,這樣一來就能將更多的時間和精力用在策略性的工作上。

又或者你是一位客戶服務代表,因為工作的關係,你經常需要**回答大量重複性的問題**,這樣的工作往往讓人感到疲憊。如今有了 AI 的幫助,就可以將這些簡單問題交由 AI 來解決,可以騰出更多的時間去處理更複雜的客戶需求。

AI 甚至也能幫助工作者自我提升。舉個實際的案例,來跟你說明如何讓 AI 幫我**自我提升與成長**!

很多人習慣在年底或年初給自己設定新年新目標,但是著有《人生勝利聖經》、《一週工作 4 小時》等書的暢銷作家提摩西 · 費里斯(Timothy Ferriss)卻早在多年前,就改用更有價值、更具行動性的 PYR (Past Year Review) 方法。當我在網路上看到 PYR 的時候便感到很好奇,所以直接問問 ChatGPT:

> 🔲 **Vista**　你知道 Tim Ferriss 自述已經好幾年不在年末決定新年新目標了,改用更有價值、更具行動性的 PYR (Past Year Review) 方法嗎?請問 PYR 為何有效?

> ⑤ **ChatGPT**　您好,Vista。很高興能與您這位在寫作、教學和商業顧問方面擁有豐富經驗的人交流。
>
> 是的,Tim Ferriss,以其著作如《一週工作 4 小時》

和他受歡迎的Podcast而聞名，的確談到過他已經
從傳統的新年決議中轉變走來。相反，他提倡一種
他稱為「過去一年的回顧」（Past Year Review，簡稱
PYR）的方法，他認為這種方法比傳統的新年決議更
有價值和可行。

理解PYR：

1. 概念

起源 Ferriss開發PYR做為對常常無效的新年決議
的替代方案。

哲學 它基於這樣一種想法：回顧過去一年可以提供
比基於單純抱負的決議更多的可行見解。

2. 過程

反思 PYR包括回顧過去一年的日曆，查看每一週。

正負面識別 對於每週，Ferriss識別出產生最高正面
或負面情緒的事件。

分類 這些事件被分類為他想要做更多的（正面）和
他想要消除或減少的（負面）。

3. 可行的結果

計畫 根據這次回顧，他計畫下一年包含更多正面和
更少負面的內容。

情感焦點 重點放在情感狀態上，而不是具體的成就

或失敗。

為何PYR有效：

1. `數據驅動` 它基於實際事件和經驗，而不僅僅是抱負或模糊的目標。

2. `情感洞察` 它專注於情感反應，這是強大的動機和個人真正關心的事物的指標。

3. `個性化` 它高度個性化，因為它基於一個人自己的經歷和反應。

4. `正負面平衡` 透過承認正面和負面經驗，它提供了一年的平衡視角。

更廣泛的影響：

1. `商業管理` PYR可以適應商業回顧，專注於產生最正面結果的項目或策略。

2. `個人發展` 它可以成為個人成長的工具，幫助個人了解什麼帶給他們快樂和滿足。

3. `教育` 在培訓教育的領域中，它可以用來反思哪些教學方法或課程最有效或最令人愉快。

總之，Tim Ferriss的PYR方法將焦點從傳統的目標設定轉移到更加內省、數據驅動的分析，以透過對過去經驗的反思來指導未來的決策。

> **Ⓡ Vista** 可以請你針對職業講師這個身分,設計一份具有高度可行性的 PYR 的模板嗎?

◎ ChatGPT 好的,沒問題!

職業講師的 PYR 模板

1. 回顧上一年的產出

企業授課 評估每次授課的回饋、學員互動和成效。

公開課程 分析參與人數、學員滿意度和課程回饋。

出版 回顧書籍銷量、讀者評價和市場反應。

2. 設定下一年的目標

增加 計畫在哪些領域或主題上,增加授課或出版。

維持 確定哪些現有的教學方法或出版策略繼續保持。

減少或改進 調整或減少哪些授課主題或出版專案。

3. 具體行動計畫

企業授課 計畫開發新的課程或更新現有的課程內容。

公開課程 探索新的教學方法或技術,增加互動性。

出版 計畫出版新書或改版現有書籍,考慮新的出版通路。

看到這裡，也許你還是對 AI 感到有點陌生和不安，但是請不用擔心，這是很正常的現象。只要按照本書的指引來循序漸進，你就會赫然發現：使用 AI 工具不但並不困難，上手後還可以提升工作效率，甚至能夠增進生活情趣唷！

三個步驟，展開你的 AI 工作元年

如果你躍躍欲試，想要將 AI 導入你的工作流程中，可依循以下的行動方案，即使零基礎也都可以一步一腳印，不斷往前邁進！

執行步驟 1：了解基礎知識

在深入了解特定 AI 工具之前，先建立一個基礎的認知。對於廣大的上班族與各領域的工作者來說，並不需要精通 AI 技術，但了解其基本概念和應用場景是非常有幫助的。

建議：廣泛涉獵入門書籍（本書便是其一），了解 AI 的基礎。延伸學習時，我也推薦大家可以連上 Coursera 線上學習平臺免費收看《AI for Everyone》，這個由吳恩達所主講的 AI 入門課程。雖然本課程全程是以英文講授，但有附上繁體中文字幕，學習起來應該不會太困難。

吳恩達是美國史丹福大學資訊科學系和電機工程系的客座教授，曾任史丹福大學人工智慧實驗室主任。他與達

芙妮・科勒（Daphne Koller）一起創建了線上教育平臺
Coursera。

執行步驟 2：確定需求

了解你在工作中最需要改進或優化的部分，是數據分析
嗎？還是文書處理？抑或是客戶關係管理呢？

建議：與同事和主管們進行溝通，可以了解哪些 AI 工具
或服務最符合貴部門或公司的需求。

執行步驟 3：選擇合適的工具

根據你的需求，研究和選擇最適合你的 AI 工具。舉例來
說，如果你需要優化銷售流程，考慮使用 AI 銷售助理軟體；
倘若需要強化創意發想，則可以考慮採用一些 AI 寫作工具。

AI 不僅僅是一個軟體、工具或一項資訊技術，它也可以
是一種激發創意和創新的催化劑。無論是在設計、寫作或產
品開發的過程中，AI 都能提供那個讓你跳脫固有思維，看
到不同可能性的「火花」。

建議：參考行業報告和用戶評價，選擇具有良好評價和實
用功能的 AI 工具。

根據世界知名的顧問諮詢機構麥肯錫公司的調查，目前全
世界已有超過 50% 的企業開始嘗試導入 AI 技術。而《經濟
學人》也強調 AI 將做為一種「通用技術」（general-purpose

technology），在不遠的未來將改變全球整體經濟及產業的發展。

當然，光是知道還遠遠不夠，我們還需要採取行動。唯有身體力行，才是成功的關鍵。如果你也想要順利躋身AI時代，我們不僅要有正確的心態，更需要採取具體的行動。儘管剛開始可能會遇到一些困難和挑戰，但只要選擇了合適的AI工具和學習策略，成功就在不遠處。

擁抱AI，並不是一個遙不可及的夢。從解決自己工作中的實際問題出發，找到合適的AI工具和學習方法，你就已經踏出跨入AI時代的第一步囉！

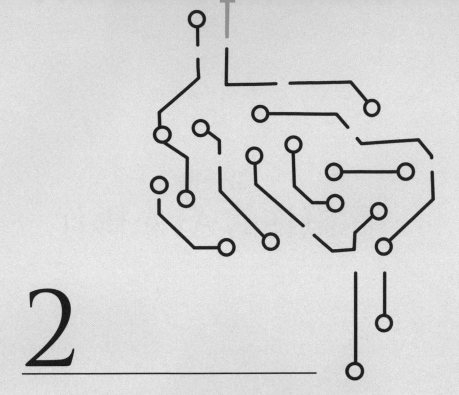

2

與 ChatGPT 的親密接觸

第一節
認識你的 AI 新夥伴

AI 軟體、工具的應運而生，原本是為了解答和處理一些複雜的數理問題；時序進入 21 世紀，AI 工具不但持續在許多領域突破艱深的問題，也可以成為我們忙碌日常工作中的神隊友！

先來看看志豪使用 ChatGPT 初體驗的故事。

年輕的志豪從小就對科技業滿懷憧憬，打從他寫完論文、取得碩士文憑之後，就很順利地通過面試，進入內湖科技園區的一家科技公司擔任產品經理。某天，主管交代他一個任務，要求他在一週內製作一份有關行動電源產品的提案簡

報，並且還要在公司內部會議中對全部主管進行口頭報告。

　　儘管志豪對這份工作充滿熱情，但他過去在大學和研究所階段主修企業管理，比較缺乏資訊科技的背景知識，加上自己剛入職不久，也還不太熟悉行動電源產品線的相關功能、特性以及和競品之間的差異。所以一聽到要跟全公司的主管們進行提案簡報，他感到非常地苦惱，整個人陷入愁雲慘霧之中。

　　正當志豪苦思不得其解之際，坐在隔壁的同事王姊，建議他不妨試試使用 ChatGPT 這個神奇的 AI 工具。當志豪試著對 ChatGPT 簡單描述了一下對於這份提案簡報的要求之後，沒想到 ChatGPT **在短短幾秒鐘之內，就為他生成了一份內容完整、布局合理的簡報大綱草稿！**

　　這時志豪才恍然大悟，原來 ChatGPT **是一個能夠協助發想和自動完成各種工作任務的 AI 工具。**志豪對這個新的 AI 夥伴感到好奇，它怎麼會這麼「神」呢？

　　這項工具確實具備很多讓人驚豔的效能，不過必須說，它也有些局限，先釐清它的「能」與「不能」，可以幫助我們更精準地安排它在我們工作上的定位（參考圖 2-1）。本節會針對這個部分詳細說明。

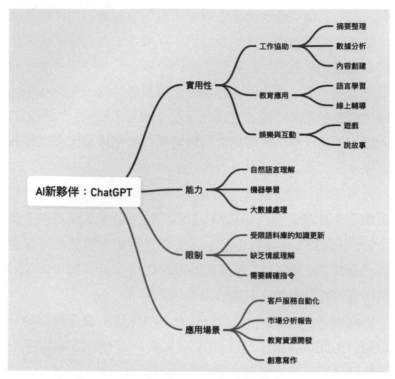

圖 2-1　ChatGPT 的能與不能

ChatGPT 為何能夠跟人「對話」?

　　如前所述,ChatGPT 設計目的是模仿人類的對話方式,
進而提供流暢、自然且相關的回應。如今已經能夠精準地理
解語言的複雜性和細微差別。透過自然語言的理解和生成能
力,ChatGPT 還能夠與用戶進行有效的互動,提供資訊、

解答疑問，甚至參與創造性的討論與腦力激盪。

　　對於不熟悉 ChatGPT 的人來說，我們可以先將它想像成一個虛擬的 AI 助理。當你需要它幫忙時，可以向它發出指令，它就會根據指令內容，盡可能地提供幫助，彷彿有一個親切的助手在你的身邊。

　　舉例來說，最近美華的主管指派她負責籌備慶祝公司成立十週年的年會。她雖然勇於接受挑戰，但過往並沒有舉辦過類似活動的經驗，於是她先上網搜尋資料，了解籌辦活動的相關流程。接著，再根據流程步驟向 ChatGPT 提問更具體地施行細則。很快地，ChatGPT 就為美華生成了一份年會流程草案，並提供了布置會場的一些建議。她參考這些建議並稍做修改，順利完成了這項任務。這次的公司年會舉辦得非常成功，也讓她得到了多位主管的肯定與讚賞。

　　ChatGPT 之所以能夠只看了她之前所提供的簡單資訊，就能立刻給出有建設性的解決方案，是因為 ChatGPT 的設計原理，使得它像一本厚重的知識百科全書。當你提出問題之後，它可以快速搜尋自己的知識庫，並以一種很人性化的方式給出回答。就像你平時問身邊的好朋友一些問題一樣，無論天南地北，它都能夠與你自然地交流。

　　它背後運用的則是一種叫 Transformer 的人工智慧深度學習模型。這種模型充分模擬了人腦分析訊息的方式。它可以透過解析大量語言資料，逐步「讀懂」人類的交流模式和邏輯思維，進而獲得聰明的語言互動能力。這種「對話」的能

力，是令人最驚豔的地方。

而它之所以能「說話」，是因為 Transformer 模型是一種神經網路，藉由追蹤序列資料中的關係，學習上下文之間的脈絡及意義，就如同一個句子中的每一個字。此外它使用一套不斷發展，稱為注意力（attention）或自我注意力（self-attention）的數學技術，它可偵測一個系列中以微妙方式相互影響和相互依賴的資料元素，甚至是模糊的資料元素。

你可以把運用 Transformer 模型的 ChatGPT 想像成是一個長期認真學習的學生，它平時已經涉獵了大量的書籍、論文與對話紀錄等語言資料。 在這樣的學習歷程之中，ChatGPT 可以逐步理解人類世界的運作模式，並模擬進行邏輯思考。**每當需要回答一個新問題時，就可以快速拿出過往的學習經驗，根據問題內容給出最佳的回覆。**

舉例來說，當它需要回答關於企業管理或數位行銷等不同的問題時，它就可以從已學過的大量的管理與行銷案例中快速提取有用的資訊，並給出符合這一問題情境的回覆。

基於這樣強大的學習能力，ChatGPT 自然能夠展現出許多非常有用的技能，也讓人對生成式 AI 的能耐刮目相看！

ChatGPT 這位「新同事」，擁有哪些技能？

能夠與人對答，讓 ChatGPT 更能讓工作者有多了一個「夥

伴」的體感。那麼若把它當成一名工作者，你會發現它具備了許多技能，因此如果你懂它的話，可以把某些工作分配給它做，幫你節省時間，比如：

- **文案寫作和文書檔案整理技能**　立宏任職於某電子商務平臺，主要負責跨境電商的工作。他是該公司看好的明日之星，也是主管們積極培養的儲備幹部。有鑑於此，他最近一直在學習企業管理領域的專業知識，想要好好整理跟複習過去在 EMBA 進修時的管理筆記，但卻又覺得平時工作太過忙碌，實在沒有多餘的時間！於是他突發奇想，試著讓 ChatGPT 根據自己以往的上課筆記，生成了一篇非常流暢的 3000 字管理心得總結文章。他只需要稍作修改和潤飾，就完成了原本需要花費數天甚至一兩個禮拜時間的工作。

- **程式代碼編寫技能**　志明是一名程式設計師，平時忙著開發各種大型的資訊專案。他知道 ChatGPT 可以輔助程式開發，於是根據自己需要的功能描述，讓 ChatGPT 自動生成了一段程式代碼。這個做法為志明節省了不少時間，也為後續的開發工作提供了不錯的參考資訊；如此一來，他只需要在此基礎上進行優化即可。

- **多國語言翻譯技能**　雅莉在貿易公司上班，她的工作時常得跟外國客戶打交道，所以手邊有許多中文資料

需要翻譯成英文、日文或法文等外語。雅莉的外語能力雖然很不錯，但總是希望可以提高效率，所以她先試著讓ChatGPT生成了一些翻譯的稿件，經過她與主管確認了翻譯品質之後，這才開始大量與ChatGPT協作。雖然仍需要人工校對與潤飾，但已經大幅提高了翻譯的品質與效率。

- **圖表和簡報文稿生成技能**　在食品加工公司擔任業務專員的彥廷，最近需要為主管在資訊展的公開演講準備一份大綱。他在某場講座中聽到Vista老師介紹ChatGPT的強大功能後，就感到非常好奇。於是他回到工作崗位之後，事先讓ChatGPT根據這些需求生成了一份報告文稿和簡報大綱，包括資料圖表和重點整理。之後彥廷再根據這些範本以及ChatGPT所提供的建議進行編修，很快地就完成了一份架構清晰、內容詳細的演講簡報。

- **多角度思考和撰寫能力**　淑芬任職於一家跨國科技公司的總管理處，她需要就公司的新策略計畫撰寫一份年度回顧與展望的報告。於是她先提供一些背景資料，讓ChatGPT從不同角度（例如：財務、營運與研發等）各產製了一些分析觀點與數據，然後再進行撰寫。ChatGPT雖然無法直接幫淑芬產出一份完整的報告，卻為她提供了更全面的視角和豐富的參考資訊，使她能夠寫出面面俱到且更優質的報告。

留心ChatGPT能力的限制

當然，ChatGPT並非萬能的。世間的任何事物都難以完美，顯然ChatGPT也存在某些局限和缺陷，所以大家在使用的時候也需要格外注意：

- **欠缺完整的專業知識**　由於學習資源有限，ChatGPT不可能完全掌握所有的專業知識。舉例來說，在某大學就讀化工系的家豪，某一天讓ChatGPT分析一份有機化學報告的數據時，它居然直接表示這超出了自己的知識範圍。

- **缺乏長期上下文感知能力**　它目前無法持續感知對話的長期上下文和細節，有時難免遺忘或疏漏。我自己便曾跟ChatGPT深入地討論了某個內容行銷專案，沒想到過了兩天之後再提起，它居然把前期細節都忘光了！這個部分，建議大家要特別小心，在使用資訊之前需要事先篩選和編輯、修改。

- **缺少高階的創造力**　如果我們讓ChatGPT為即將過生日的親友寫一首詩，或是要它計算一題微積分的作業，我想這應該難不倒它。它的確能夠根據需求給出中規中矩的答覆，但請務必注意，ChatGPT畢竟不是人，

它缺乏人類的真情實感。所以在某些高層次的領域之中，創造力仍是人類的專利與稀缺的資源。

- **可能存在偏見**　由於某些訓練的語料可能具有潛在偏見，ChatGPT 也可能學習並運用這些偏見生成有問題的內容。所以建議大家需要特別小心，並注意避免直接沿用 ChatGPT 所提供的內容。

因此針對該如何合理運用 ChatGPT 這款強大的 AI 工具，我會建議可以注意以下幾個原則：

1. 考慮到 ChatGPT 的特性與局限，在運用時需要注意。
2. 不要全盤接受它的輸出結果，要保持理性態度。
3. 儘量提供充足上下文脈絡，而不要只是丟出關鍵字簡單提問，這樣它的回答才會更切題，符合你的需求。
4. 可以透過多次提問，來修正它在互動過程中所產生的偏差。
5. 請注意在指導它生成內容的過程中，避免讓自己或 ChatGPT 產生潛在的偏見。
6. 可以透過它來快速生成文章、代碼等雛形，但重要的內容仍需人工把關，做好整合和創造的工作。
7. 可多讓 ChatGPT 發想，而不是直接命令它撰寫。
8. 可充分運用它強大的知識整合能力，但不要期望過

高，特別是在情感與創造力等範疇。

　　透過以上的介紹，相信你大致認識了這位 AI 新夥伴的能力和特性。ChatGPT 的確能夠爲我們的工作與生活帶來諸多便利，但你也必須知曉它絕非萬能的唷！

　　所以我們應保持理性的態度，適當使用 ChatGPT 的強大之處，但也要避免過度依賴。如果能與它形成良性互動與合作，那麼 ChatGPT 將成爲一個超越搜尋引擎的智慧型助手，真正能夠爲我們提升工作效率、拓展認知能力，也爲生活帶來新的情趣。

　　現在，就請跟著我一起展開冒險，在實踐中進一步探索和運用 AI 新興技術的可能性吧！

第二節
與 ChatGPT 的
基礎互動

誠然，我們已經進入 AI 新紀元了！而奠基於大型語言模型所推出的 ChatGPT，做為劃時代的 AI 工具，也正在為廣大的知識工作者帶來無限的可能。那麼，我們該如何與其進行順暢高效的互動呢？

在本節中，我將全面講解 ChatGPT 的使用技巧，並透過一些具體案例跟你分享，如何在職場中善用 ChatGPT，讓日常的忙碌工作可以變得更輕鬆、高效！

ChatGPT 相當於具有 9 歲小朋友的心智。就技術面來說，它的核心功能可以概括如下：

強大的自然語言理解能力：ChatGPT可以解析語句的涵義，把握上下文的關聯性。

廣泛的網路知識庫：ChatGPT透過爬取大量網路文本的訓練，具備涵蓋各領域知識的強大知識庫。

多樣的回答生成能力：ChatGPT既可以用自然語言解釋，也可以透過外掛程式（plugin）提供程式代碼、圖表、流程圖與心智圖等內容格式的輸出。

強悍的邏輯推理能力：ChatGPT可以持續追問以理解需求，並給出符合邏輯的回答。

隨時記住對話內容：ChatGPT會持續記錄對話歷史，盡可能保持回答的一致性。

以上這些強大的功能，使得ChatGPT從眾多AI工具中脫穎而出，也順利成為全球諸多知識型工作者的理想助理。如今已經被世界各國的許多企業廣泛應用於文案寫作、程式代碼編寫與資訊查詢等職場常見的場景中。換句話說，我們只要充分利用ChatGPT的特性，就可以顯著提高個人和團隊的工作效率。

想要開始使用ChatGPT並不難，你只需要進行一些基本設置即可。

如果你還沒有使用過，首先，請你連到OpenAI的官網，申請一個免費帳號即可。當然，你也可以使用自己原本的谷歌（Google）、微軟（Microsoft）或蘋果（Apple）帳號登入。

我自己是使用原本的 Google 帳號登入，以方便管理。

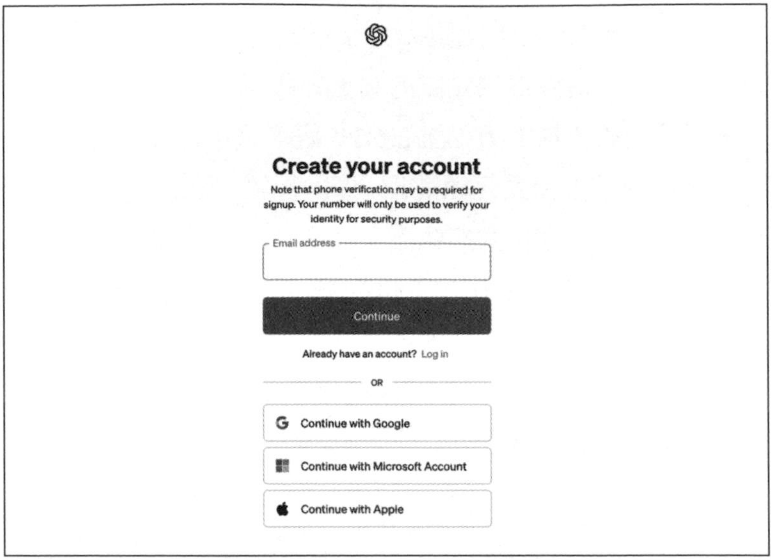

圖 2-2 註冊 ChatGPT 使用者帳號

　　在正式開始使用之前，我想再提醒，使用的過程中務必注意保護個人資訊以及公司、單位的營業機密，以避免洩漏重要或敏感的資訊。

　　註冊好帳號之後，你就可以開始使用 ChatGPT，體驗其強大的互動與內容生成能力囉！

　　根據 OpenAI 官網的介紹，2023 年 3 月推出的 GPT-4 能夠處理多達 2.5 萬字的長篇內容，足足是 ChatGPT 的 8 倍以上，無論是生成文本、延伸對話或分析文件，對 GPT-4 來

說都只是小菜一碟。當然，這也凸顯了GPT-4擁有更強大的記憶力。

此外，GPT-4也具備圖像辨識的能力，不只能夠看懂哏圖的惡趣味，甚至很快就能夠幫忙產製網站的程式代碼……不過儘管如此，請大家謹記它並不是爲了提供搜尋服務才應運而生，更談不上要打敗或取代Google、Bing或Baidu的江湖地位哦！

如果你希望提升與ChatGPT之間的互動品質，建議大家掌握以下的基礎技巧：

- **明確表達提問意圖** 用簡明的語句，說明需要ChatGPT執行的具體內容。
- **提供必要的背景資訊** 可適量補充問題背景知識，幫助ChatGPT更好地理解你的問題重點與相關脈絡、資訊。
- **設置格式要求** 根據需要爲生成內容設置長度、樣式等格式要求，好比可以要求ChatGPT以markdown格式產出表格，或是搭配外掛程式繪製心智圖。
- **分階段提問** 將複雜任務拆解爲多個小問題，一步步引導ChatGPT完成。
- **檢查並追問** 仔細檢查ChatGPT回覆你的提問內容，是否符合需求？若有必要，可以進行多輪對話繼續追問，以改善其答覆的品質。

此外，由於ChatGPT原本的設計就有其局限性，所以我想建議你也要適度保留彈性空間，**不要把所有的思考工作都外包給它，更不建議你完全依賴其生成的結果。**

基礎互動，三個小練習

為了確認你能夠學會與ChatGPT的基礎互動方式，在這裡我想給你準備三道練習題，希望你可以試試身手！

練習一：詢問ChatGPT如何撰寫一份出色的履歷與自傳。
練習二：請教ChatGPT如何設計一份客服回應腳本。
練習三：運用 ChatGPT來幫助自己了解如何創意發想所需文案。

請在這裡建議你停下閱讀腳步，現在就先親手練習看看。主要是去熟悉並感受一下自己如何擬定問句，ChatGPT又是如何回應的這一個過程。

我很好奇，不知道你會如何設計你的問句，以及獲得怎樣的回應。在此也提供我的詢問練習，給你參考。

問題一：如何撰寫一份吸引人的履歷與自傳？

🔲 我向ChatGPT提問 偉華擁有三年科技公司產品研發的經驗，近期打算求職產品經理的職位。在此情境下，偉華應該如何準備他的履歷與自傳，才能展現他的專業能力及與產品經理職務的契合度？此外，有哪些策略是他可以利用ChatGPT來協助撰寫這些文件的？

◎ ChatGPT提供的建議 要撰寫一份凸顯自身優勢與經歷，同時吸引負責招聘的人資經理注意的履歷與自傳，建議偉華需要擬定以下的策略：

客製化履歷 根據產品經理職位的要求，偉華應該設法凸顯他在產品研發過程中所扮演的角色，以及他如何貢獻於產品的成功。包括過去三年的具體成果，好比提升效率、增加銷售量與改善客戶滿意度等。

職涯亮點 偉華應提煉他在研發部門工作時展現的關鍵技能，如跨部門溝通、專案管理和用戶經驗設計等，並且把這些技能與產品經理的職責對應起來。

故事化自傳 在自傳中，偉華可以透過說故事的方式，來展現他如何克服困難、帶領團隊達成目標，以

及他對產品創新的熱情。

ChatGPT 的應用　偉華可以要求 ChatGPT 提供產品經理職位常見的關鍵詞和技能要求，以此來優化履歷的關鍵詞匹配度。此外，他還可以利用 ChatGPT 來獲取行業相關的成功案例，幫助他在自傳中構建有說服力的故事。最後他還可以要求 ChatGPT 進行履歷和自傳的初稿撰寫，然後根據回饋進行調整。

問題二：如何設計一套客服回應腳本？

> 🔳 **我向 ChatGPT 提問**　雅婷的工作是處理常見且重複性的客戶問題，她應該如何設計一套有效的客服回應腳本來提高工作效率呢？同時 ChatGPT 可以如何協助她構建這套客服腳本？

🉐 **ChatGPT 提供的建議**　雅婷可以透過以下的步驟來設計客服腳本：

收集常見問題　首先，雅婷需要收集和分析常見的客戶問題和主題。

腳本框架　基於這些問題，設計一個包含開場白、問題解答和結束語的腳本框架。

模組化回答 為每種問題類型建立一個或多個模組化的回答，便於快速組合回應。

ChatGPT的應用 雅婷可以請求ChatGPT根據這些常見問題來生成具體、禮貌且有效的回答。此外，她還可以要求ChatGPT提供情緒管理和應對困難客戶的建議語句，以便融入到客服腳本中。

問題三：創意文案的撰寫

> 🔲 **我向ChatGPT提問** 力揚是個出版社編輯，當他面臨創意不足的時候，他應該如何運用ChatGPT來產出心理勵志書籍的宣傳標語、廣告臺詞和社群貼文的創意？

◎ **ChatGPT提供的建議** 力揚可以採取以下的步驟來激發文案發想的創意：

主題設定 確定他想推廣的勵志書籍的核心主題和訊息。

創意風格 決定文案的調性和風格，如勵志、幽默或正能量等。

ChatGPT的應用 向ChatGPT提供書籍的主題和風

格，並請求生成相應的標語、臺詞和貼文。力揚可以要求 ChatGPT 提供不同風格的版本，進而挑選最佳選項或將其做為靈感進行優化。

提供背景與限制條件，
開啟更有效率的對話

　　以上這個小練習，算是與 ChatGPT 的基礎互動，如果要獲得更好的回饋與對工作更務實有用的方案，我們在後面的章節會有更多闡述。但針對最基礎的互動，先提示一個與 ChatGPT 對話與共事的關鍵訣竅：

　　當你開始使用 ChatGPT 時，可以嘗試提供背景資訊、特定目標和任何你認為有幫助的限制條件。這樣一來，可以幫助 ChatGPT 更易於理解你的需求，進而提供更契合實際場景的回答和建議。

　　舉例來說，可能很多朋友曾經嘗試讓 ChatGPT 來代勞撰寫商品文案，但大家不難想見，如果你沒有提供足夠的脈絡資訊，或者限縮它的方向……那麼可能 ChatGPT 給出的答案只是中規中矩，並不會太讓人滿意。

　　這時你如果能夠換一個提問的方法，也許就會更好！

請幫一款具有多刀頭設計的往復式電動刮鬍刀新產品 Xtreme Precision™（註：這是為了示範所杜撰的假產品名稱），撰寫市場行銷文案。

🔗 **ChatGPT提供的初步建議：**

【全新上市】多刀頭設計，讓你輕鬆擁有完美的外貌！
我們很高興向您介紹我們的全新往復式電動刮鬍刀產品，這款產品採用多刀頭設計，能夠更加迅速而有效地刮除鬍子，完美地符合現代男性的需求。

我們的產品還採用了高品質的材料，不僅耐用，而且使用起來更加舒適。此外，我們還為產品設計了人性化的操作按鈕，可以輕鬆地調整刮鬍刀的速度和方向，讓您在使用時更加得心應手。

無論您是在家中還是外出旅行，我們的往復式電動刮鬍刀都能夠滿足您的需求。現在就來體驗一下我們的產品吧，讓您輕鬆擁有神清氣爽的造型！

　　以上面這個版本來看，當然ChatGPT也的確點出了電動刮鬍刀的特性，但持平來說，字裡行間並沒有展現太多吸睛的亮點。如此一來，自然也不容易吸引潛在顧客的關注。就產品銷售的角度來看，可能轉換率也不會太理想！

🔲 修改後的提問：

我需要為一款符合人體工學的往復式電動刮鬍刀新產品Xtreme Precision™撰寫市場行銷文案，它具有多刀頭設計，可一次修整較大面積的鬍鬚，有效節省刮鬍時間。目標用戶鎖定25歲到40歲的都會年輕男性，平時重視個人形象與穿搭品味。請結合這款電動刮鬍刀的產品特性和用戶偏好，為我提供文案撰寫的建議。

⑤ ChatGPT提供的建議：

為了撰寫吸引目標用戶群的市場行銷文案，我在這裡提供了幾個關鍵點，這些可以做為文案創作的出發點：

產品特性：

人體工學設計　突出舒適握感，減少手部疲勞。

多刀頭系統　強調一次可修整較大面積的鬍鬚，提升效率。

時間節省　對於忙碌的都會男性來說，節省時間等同於提升生活品質。

目標用戶特性：

年齡層　25歲到40歲，代表著進入或已處於職業生涯的黃金階段。

生活方式 都會生活忙碌，需要高效能的個人護理工具。

形象意識 重視外觀和第一印象，傾向於選擇能提升自信的產品。

文案建議：

標題 創造一個直接點明產品賣點的標題，例如：「快速、精確、無瑕——重新定義您的早晨刮鬍體驗」。

開頭 引起共鳴，如開始於一個故事或場景描寫，讓目標用戶感受到這個產品如何貼合他們的生活，例如談論忙碌早晨的時間壓力。

問題與解決方案 明確指出目標用戶面臨的問題，然後介紹產品如何提供解決方案，例如：談論傳統刮鬍方式的不足，然後強調多刀頭設計的優勢。

價值提案 結合用戶對形象的重視，展示使用這款電動刮鬍刀如何能夠提升他們的自信和職業形象。

生動描述 使用具象的語言描述產品使用的感覺，讓讀者能夠在心中形成一幅圖像，比如描寫刮鬍刀在臉上滑過的輕柔觸感。

行動呼籲 結尾處加入強烈的行動呼籲（Call to Action），鼓勵消費者立即購買或了解更多的產品資訊。

實際的文案範例：

版本一

重新定義您的早晨刮鬍體驗

當城市的第一縷曙光穿透您的窗簾，一天的忙碌生活即將展開。您的每一分鐘都傳遞著價值，您的形象更是事業成功的關鍵。這就是為什麼我們設計了 Xtreme Precision™——一款與眾不同的往復式電動刮鬍刀，讓您的每次刮鬍都變成一場精準與效率的革命。

在這個快節奏的時代，您的時間是最寶貴的資產。Xtreme Precision™ 的多刀頭設計，專為您的都會生活量身打造，只需輕輕一刮，即可完成平時兩倍面積的刮鬍工作。打理面容不再是每天早晨的負擔，而是一種享受——快速、輕鬆，還有那完美無瑕的外觀。

版本二

超越刀鋒的藝術—革命性的多刀頭電動刮鬍刀

在匆忙的早晨，您的面龐需要一位理解您的藝術家，而非僅僅是一把刮鬍刀片。介紹全新 Xtreme Precision™ 往復式電動刮鬍刀，這不僅僅是一款刮鬍刀，它是您每天儀容的專屬雕塑家。

當科技遇上精細度 - 我們的多刀頭設計源於一項簡單

的願景：每一次刮鬍都應該是精準無瑕的。在過去的三年裡，我們專注於創新，將傳統的往復刀頭技術和現代的精密工程相結合。結果是一款具有五個獨立浮動刀頭的電動刮鬍刀，每一個都能夠自動適應您臉部的輪廓，即使是下巴和頸部這樣難以觸及的區域。

測試與證明 - 根據我們的用戶測試，95%的使用者表示，在使用Xtreme Precision™後，他們體驗到了前所未有的貼面舒適感，而80%的用戶確認即使在三天鬍渣的情況下，本產品依然能夠提供極致光滑的剃鬍效果。

設計與持久 - 我們不僅追求刀頭的創新。Xtreme Precision™的機身設計簡潔、現代，不僅易於握持，更是在每一次使用後都能帶來賞心悅目的感覺。加上先進的鋰電池技術，一次充電可以持續長達60天的日常使用——這是我們的承諾，也是我們的自豪。

對您的約定 - 我們知道，您的每一次出門都代表著您的形象和自信。Xtreme Precision™不僅僅是您梳妝臺上的裝備，它是您日常生活中不可或缺的夥伴。擁抱創新，享受每一次刮鬍後清爽的自我，Xtreme Precision™，您理想中的選擇。

我想，無論是第一個版本或第二個版本，都遠遠比最早的版本來得優越。看到這裡，我相信你已經能夠體會，只要能夠學會正確提問的技巧，透過持續學習和反覆練習，一定可以與 ChatGPT 形成高效的協同工作模式，在發揮其功效的同時，又能夠讓生活與工作變得更智慧化。

基礎互動的提問行動方針

熟悉了以上這些基礎的互動，只是與 ChatGPT 的共事的開始，接著還可以根據三個原則去延伸應用：

1. **明確提問**：向 ChatGPT 提出具體且清晰的問題或請求。
2. **利用迭代**：根據 ChatGPT 給出的回答進行迭代，進一步精煉問題或要求。
3. **給予回饋**：對 ChatGPT 的回答給予意見回饋，以便它能學習並提供更加準確的回應。

想要讓 ChatGPT 成為你的神隊友，就必須儘快學會正確擁抱 ChatGPT 的方式。以下我建議可依循一套行動方針：

1. 在開始啟動具體的提問任務前，可以先與 ChatGPT 進行簡短的對話，了解其能力和局限。
2. 利用 ChatGPT 來草擬初步想法或文案，然後根據需

要進行人工精編。

3. 在遇到創意瓶頸或靈感匱乏時，可以利用 ChatGPT 來進行腦力激盪。

4. 針對重複性工作來設計模板或腳本，並要求 ChatGPT 依據這些模板來產生內容或進行優化。

　整體來說，我也建議可以按照以下這樣簡單的 ChatGPT 學習架構，循序漸進熟悉這項工具。

表 2-1 ChatGPT 學習架構

階段	流程	目的
了解	初步對話	與 ChatGPT 建立初步了解，明確理解其能力範圍。
設計	腳本草擬	設計用於一些日常工作任務的基本腳本、模板，好比：文案寫作模板、客服腳本等。
實施	互動測試	測試並優化與 ChatGPT 的互動，提升效率。
回饋	結果分析	評估 ChatGPT 給出的答案品質和互動的流暢性。
迭代	方案調整	根據意見回饋持續調整互動方式，提升整體效率和答案的品質。
優化	高階應用	學習如何利用 ChatGPT 進行創意產出和解決複雜問題。
分享	知識傳遞	教授他人如何有效利用 ChatGPT，強化自我對 AI 工具的認知與了解。

第三節
聰明地使用ChatGPT

在這個資訊爆炸的年代，忙碌的職場環境中充斥著快節奏的步調，提升工作效率不僅是提升競爭力的必要途徑，也是所有上班族朋友實現工作與生活平衡的關鍵。

接下來我將與你一起探討，如何利用ChatGPT這款強大的AI工具來達成這個目標，並將這些理念具體化，透過一系列的職場案例進行解說。

明確提問，逐步導出可行的詳細方案

如果你想要充分發揮 ChatGPT 的價值，可想而知，提問的技巧尤為關鍵。首先列出明確需求是聰明提問的基礎。我們要清楚自己希望 ChatGPT 執行什麼任務，生成什麼形式的內容。

如前所述，ChatGPT 並不是另外一個 Google，換句話說，這跟過去我們使用搜尋引擎的經驗不大一樣，以往大家習慣丟幾個關鍵字給 Google、百度或 Bing 等搜尋引擎（好比：民生社區、咖啡館、推薦），搜尋引擎很快就會為我們推薦多家位於民生社區的特色咖啡館。

圖 2-3 Google 搜尋法

但是現在當你要請 ChatGPT 幫忙發想時，建議你先在腦海中有一幅藍圖，如此一來，將有助於更精準地提問與回答。

首先是先前提到的，需要「提供背景資訊」。我們要盡可能詳細地描述問題背景，使 ChatGPT 可以更好地把握上下文的脈絡。

再來，設置「明確的輸出要求」，比如需要指定內容長度、格式與風格等，引導 ChatGPT 生成符合你所預期的內容。

最後，如果不滿意，也可以再提供高品質的參考案例，那也可以大大提高 ChatGPT 的生成效果。它可以透過學習優秀案例，來為你打造更好的內容輸出。

現在，就讓我們以「推薦民生社區的特色咖啡館」為例，來設計提示詞，比如這樣說：

> 我想在下個週末，跟一位心儀已久的年輕女性到臺北市的民生社區約會。請問你可以幫我推薦幾家當地具有特色的咖啡館嗎？除了我曾造訪過的富錦樹咖啡跟芭蕾咖啡，還有其他值得光顧的咖啡館嗎？
>
> 我希望咖啡館的環境不要太嘈雜，店內的裝潢有獨特的設計感，咖啡跟餐飲也具有特色，或是有一定水準的口碑推薦。

看完以上的範例，你應該對於如何聰明地向 ChatGPT 提

問，有了更進一步的認識與了解。另外，若想要更順利精準地取得好答案，還可以隨時注意幾個重點：

1. 問題應該盡可能具體和明確，避免模糊不清。
2. 問題應該圍繞你想達成的具體目標或解決的問題。
3. 問題應該是 ChatGPT 所能理解和回答的，也就是說，要在其能力範圍內。
4. 如果問題較為複雜，你可以考慮分步驟提問，逐步深入問題核心。

針對這四項要點，以下我將透過設計兩個職場常見的商業情景案例，來為你說明如何聰明且有效地向 ChatGPT 提問。

案例一：市場分析提問策略

志傑是一位市場分析師，他正在進行一項針對年輕女性的中高端運動鞋市場的分析，以幫助公司調整其產品策略。

對話內容如下：

> 🙎 **志傑**　嘿！ChatGPT，我需要了解 25 歲到 35 歲的年輕女性在運動鞋消費上的趨勢，你能夠提供這方面的數據嗎？

ChatGPT 做為 AI，我無法提供即時的數據，但我可以提供如何進行市場分析的方法，以及一些公開的運動鞋產業報告來源。

Vista 的小提醒：ChatGPT 的本質是一個大型的語言模型，它並非萬能的資訊搜尋工具，因此，有些時候的確無法提供鉅細靡遺的資料或滿足各種的提問需求。建議你可以搭配搜尋引擎或維基百科來使用，或是嘗試更換不同的提問法。

志傑 明白了。那麼你能否告訴我，在進行中高端運動鞋市場分析的時候，我應該考慮哪些關鍵因素？

ChatGPT 當你開始進行市場分析時，首先應該考慮運動鞋價格、消費者購買行為、流行趨勢、競爭對手分析以及市場的地理分布，其次考慮到物價、景氣等因素。

志傑 嗯！這些的確是很好的指標。那麼，在這些領域中，有沒有特定的分析工具或方法能幫助我更深入地理解消費者行為？

ChatGPT 是的。你可以使用消費者調查、焦

點小組討論、銷售數據分析，甚至社群媒體情感分析來獲得深入的見解與洞察。如果你想從事競品分析，SWOT分析和波特的五力分析（Porter's Five Forces Analysis）框架將是非常有用的。

透過這種方式，志傑就可以從一個較為廣泛的問題逐步過度到更具體的策略和工具，這有助於他進行更有針對性的年輕女性運動鞋市場分析。

案例二：產品發布計畫提問策略

可欣是一位產品經理，她正在計畫一款新會計軟體產品的發布，她需要針對利基市場擬定一個產品發表的行銷計畫。

對話內容：

> **可欣** 我們即將發布一款針對中小企業的會計軟體。ChatGPT，可以請你提供一個有效的產品發布計畫框架嗎？

ChatGPT 當然，一個有效的產品發布計畫通常包括市場研究、目標設定、定價策略、推廣計畫、銷售通路和客戶支持等元素。

可欣 嗯！這些聽起來很有幫助。那麼，對於中小企業的會計軟體的發布，請問市場研究應該重點關注哪些因素呢？

ChatGPT 針對這類軟體，妳應該關注中小企業的痛點、預算限制、主要的會計法規、市場挑戰、現有解決方案的缺陷，以及他們尋求的額外附加功能。

可欣 哦，原來如此！這些建議很棒，對我很有幫助。那麼有沒有特定的方法來定價和推廣我們的軟體，以便與這個目標市場產生共鳴呢？

ChatGPT 對於定價，妳可以考慮成本加成定價法（Cost-plus Pricing）、價值定價或競爭對手定價。至於推廣的部分，內容行銷、投放社群媒體廣告和舉辦線上研討會都是有效的策略。當然，妳也可以透過提供會計軟體的免費試用或體驗來吸引初期用戶。

在這個對話中，我們可以看到可欣透過明確和具體的問題，一步步引導出一個詳細的產品發布計畫，這將幫助她以有條不紊的方式進行新軟體在市場上順利推出。

5W1H 分析法的活用

應對各種複雜的問題場景，在擬定對話策略上，我也十分推薦可運用一套行之有年且相當有效的分析法來協力，也就是六何法或稱爲 5W1H 分析法。

根據維基百科的介紹，六何法又稱爲 6W 分析法或 5W1H 分析法，即何人（Who）、何時（When）、何事（What）、何地（Where）、爲何（Why）及如何（How）。由這六個疑問詞所組成的問句，都不是是非題，而是需要一或多個事實佐證的應用題。有時「如何」不計在內，因爲「如何」可以被「何事」、「何時」和「何地」描述，變成「五何法」。即何人（Who）、何事（What）、何時（When）、何地（Where）及爲何（Why）。

簡單來說，5W1H 是一種分析和解決問題的方法，它涵蓋了問題的各個方面，通常用於新聞寫作、研究、計畫和決策過程。這六個問題分別是：

Who（誰）：涉及的人或責任主體。

What（什麼）：事件或問題的本質。

When（何時）：時間或期限。

Where（哪裡）：地點或情境。

Why（爲什麼）：原因或目的。

How（如何）：方法、手段或過程。

那麼我們可以如何應用5W1H分析法來設計ChatGPT的提示詞呢？

當你使用5W1H分析法來設計ChatGPT的提示詞時，請先確保問題具體且完整，如此一來，才能獲得更準確和有用的回答。

透過這樣的提問，ChatGPT可以針對問題的具體情境提供詳細的回答。

例如：當你問到：「在商業管理領域，有哪些是被公認為領導者的**人物**？」時，可以得到一些著名商業管理專家的名單及其貢獻。而當你問到：「**如何**將創意寫作技巧應用於提高商業提案的說服力？」時，則可以獲得一系列的策略和實際案例，展示如何將創意寫作融入商業溝通中。

表2-2 5W1H法的問題描述

5W1H	問題描述	應用案例
Who	涉及哪些人？誰是關鍵角色？	誰是目前對商業管理影響最大的思想領袖？
What	事件或問題的本質是什麼？	在商業管理的範疇中，什麼是核心的成功因素？
When	何時發生？是否有特定的時間框架？	商業管理的哪些趨勢，將在未來五年內顯著發生？
Where	事件發生的地點或情境？	在亞洲市場，哪幾個城市是新創企業的熱點？

5W1H	問題描述	應用案例
Why	事件發生的原因或目的是什麼？	為什麼敘事結構在寫小說時如此重要？
How	事件是如何發生的？解決方法是什麼？	如何有效地將商業管理理論應用於實際的顧問工作中？

表2-3 5W1H分析法的各類用途

5W1H	分類	提示詞的設計案例
Who	資訊獲取	在商業管理領域，有哪些是被公認為領導者的人物？
What	原因探究	什麼原因使得內容行銷在當代廣告中變得如此重要？
When	過程理解	何時是企業進行市場擴張的最佳時機？
Where	評估分析	在臺灣，哪些城市被認為是創業的絕佳地點，並請分析其原因。
Why	預測推測	為什麼數據分析將成為未來商業決策中的關鍵因素？
How	意見表達	如何將創意寫作技巧應用於提高商業提案的說服力？

接下來我們可以把場景元素也納入到提示詞。

表2-4 5W1H分析法的職場應用場景

5W1H	職場場景	進階的提示詞設計案例
Who	團隊合作	在跨部門協作的專案中，哪些角色最為關鍵？而他們又是如何影響專案的溝通和決策過程？
What	產品開發	在開發新科技產品的過程中，哪些創新策略被證實能有效提升市場接受度，並且這些策略是如何與產品設計原則相結合的？
When	變革管理	在進行組織結構重組時，何時是引入新業務流程和系統的最佳時機，以及這樣的時機安排對員工適應度和整體業績有何影響？
Where	遠程工作	在全球化的職場環境中，哪些地區的遠程工作模式最成功，並且這些地區有哪些共同的文化和技術因素促成了這一成功？
Why	員工流失	為什麼高績效團隊中仍然會出現員工流失的情況，背後的心理和組織動機是什麼，以及這些因素如何與公司文化和領導風格相互作用？
How	提升工作效率	如何設計一個綜合的績效提升計畫，既能激勵員工達成個人目標，又能促進團隊協作和組織整體目標的實現，並且在此過程中如何平衡各種利益相關者的期望？

綜觀以上提到的這些提示詞設計案例，可以發現涵蓋了職場中的多種情境與場景，從團隊合作到遠程工作，再到變革

管理等，可說是相當豐富且多元。除此之外，每個問題都被設計得更加複雜和深入，以便引出更詳細的討論和分析。

看到這裡，我相信你可以理解，我之所以挑選這些問題做為示範，不僅僅是為了展示ChatGPT能夠提供簡單的答案，更希望大家可以在閱讀本書的過程中，深入探討與AI工具共事的背後原因、過程和影響，進而提供更全面的見解和解決方案。

緊接著，我們還可以加入數據和相關的量化指標，讓這些提示詞得以更貼近真實工作的複雜樣貌。

表2-5 5W1H分析法用於量化指標的提問

5W1H	職場場景	進階的提示詞設計案例
Who	績效評估	在上一個會計年度之中，哪些部門的團隊領導在員工績效評估中得分最高，並且他們的管理風格如何對團隊的產出品質指標產生影響？
What	市場占有率	根據最新的市場報告，本公司的主要產品在過去兩季的市場占有率變化是什麼？而這些變化背後的主要驅動因素，又分別是哪些？這些因素又是如何影響了產品的銷售策略？
When	業務成長	在過去五年中，我們公司在哪幾季觀察到業務成長的顯著峰值變化？這些峰值與哪些內部決策或外部市場事件有關，並且這些增長峰值的持續時間和強度又是如何？

5W1H	職場場景	進階的提示詞設計案例
Where	國際市場擴張	放眼亞洲市場，本公司的業務擴張在哪些特定國家或地區達到了最高的年度成長率？這些地區的經濟和文化因素如何與我們的業務策略相匹配，並且這種匹配度又該如何量化？
Why	員工滿意度	根據最近的員工滿意度調查，為什麼特定部門的滿意度低於公司平均水準10%？這與哪些工作條件或管理實踐有關，並且這些因素如何在量化指標上展示其影響？
How	改善溝通效率	我們應該如何改進內部溝通流程，以便在下一季將跨部門項目的協調時間減少20%，並且這樣的改進將如何透過員工的工作滿意度和專案交付時間的改善來量化？

當然，ChatGPT能夠處理的面向相當多元，針對職場上常見的議題，再舉一些例子給你參考：

表2-6 5W1H分析法用於常見職場議題的提問

5W1H	職場場景	進階的提示詞設計案例
Who	領導力發展	根據最新的管理學研究，哪些領導力發展技巧對於提升團隊績效指標最為關鍵？可否請你提供相關研究或數據支持這一點？
What	業務策略分析	在過去的一年中，哪些業務策略被證實能夠有效提高公司的營收至少10%，並請提供具體的案例研究或市場分析支持？

5W1H	職場場景	進階的提示詞設計案例
When	產品 上市時機	在技術快速變革的科技產業中，如何利用市場數據來判斷產品上市的最佳時機，以最大化市場影響力並避免過時的風險，並請給出過去成功案例的時機分析？
Where	國際市場 布局	對於新創企業而言，在亞洲市場中，根據經濟成長率和市場開放度來看，哪些國家或地區的進入門檻最低，且具有高成長潛力？請提供具體的數據分析支持？
Why	員工離職 分析	從組織心理學的角度來看，員工離職的主要心理和環境因素是什麼？這些因素在不同行業和地區中，如何透過數據分析表現出來，並請給出具體的流失率數據？
How	提升遠程 工作效率	根據最新的遠程工作研究，哪些策略和工具被證明能有效提升遠程團隊的工作效率至少20%？請給出具體的實施步驟和效率提升的量化指標？

　　以上的這些提示詞，不僅勾勒出了具體的問題意識與情境，還要求提供數據和量化的指標，以便更好地評估和理解問題。相信你可以理解，透過這樣的提問有助於獲得可衡量、可比較的結果，進而使得ChatGPT的回答更加實用且具有附加價值。

　　此外，在運用5W1H分析法來跟ChatGPT提問時，我個人還有一些建議：

1. **誰（Who）**：明確指出問題涉及的人物或群體。例如：你想了解**查理・蒙格**對於價值投資的看法，應該**明確提及他的名號**。

2. **什麼（What）**：描述你想要獲得的具體資訊或解決的問題。例如：如果你對於**區塊鏈**感興趣，應該詳細說明相關技術及你希望了解的**具體資訊**。

3. **何時（When）**：若時間因素對問題重要，請提供時間範圍或特定時期。例如：查詢「**林爽文事件**」等歷史事件或「Web 3.0」趨勢的發展，**指出特定年代**會幫助獲得更精準的資訊。

4. **哪裡（Where）**：如果地點是關鍵因素，請一定要明確提及。例如：你對「**臺南美食**」等某特定地區的市場趨勢感興趣時，**指明地區**會提供更針對性的答案。

5. **為什麼（Why）**：若你的問題涉及原因或目的，像是「**光合作用」的原理**，請明確指出這一點。這有助於深入探討動機、原因或背後的理論。

6. **如何（How）**：如果你需要解決方案或方法，請明確表達。例如：詢問「如何提升寫作技巧」，或是「獲取新客源的商業策略」的實施。

　　舉例來說，假設你想了解臺灣在數位轉型方面的最新趨勢的話，那麼應用5W1H，你可以這樣提問：「你能描述（What）臺灣（Where）在2024年（When）的數位轉型趨

勢是什麼嗎？這些趨勢是如何（How）形成的，主要影響（Who）了哪些行業？」透過這種提問方式有助於非常**全面性**的獲得更**具體**、**深入**且相關的資訊。

在本節的最後，我想在這邊為你提供一套有關與 ChatGPT 提問的行動方針：

- **確定問題範疇** 先確認你需要的協助，是資訊、建議、解決方案還是創意發想。
- **建構問題** 根據確定的範疇來建構問題，使用 5W1H（何時、何地、何人、何事、為什麼、如何）來完善問題。
- **分階段提問** 對於比較複雜的問題，應該考慮分階段提問，從概況到細節，逐步深入。
- **評估和調整** 根據回答的有效性來評估問題的品質，並根據需要進行調整。

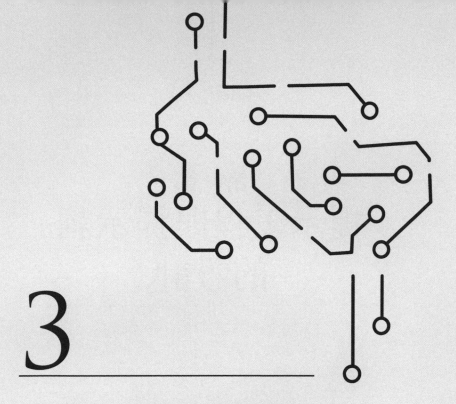

3

了解「提示工程」，
訓練你的ChatGPT
如何思考與回應

提示工程與提示詞
的設計

　　看完第二章，相信你已經對ChatGPT的能耐瞭若指掌，
也對它的工作原理有了一些基礎的認識。想必你現在也知道
了，如果想要得到ChatGPT這位神隊友的協助，就不能只
是繼續沿用過去使用搜尋引擎的固有思維跟方式。換句話
說，光有關鍵字思維還不夠，我們每個人都得先學會精準提
問。

提問是種藝術，更是種科學

所謂的**精準提問，指的是提出明確、具體且經過深思熟慮的問題，這種問題可以清楚地指向所需的資訊，減少歧義並使回答者更容易理解問題的真正需求**。這部分在前一章的範例中，我們略微演練過。

由於在與ChatGPT或任何AI工具的互動過程中，讓系統更有效地解析意圖，能幫助它生成更為準確和有用的答案，因此精準提問的基本功，再怎麼精煉都不為過。本章將從基礎到進階應用，為你提供更多系統性的說明與演練。

想要做到精準提問，更全面來看，首先我們需要考慮以下的幾個要點：

1. 問題應該具有清晰的表述，避免使用模糊或多歧義性的詞彙。
2. 問題應詳細到足以讓回答者理解問題的範圍和限制。
3. 問題應該清楚地表明所尋求的答案類型，例如：你是想要聽取意見、事實、建議，還是需要對方解釋。
4. 問題要與談論的主題直接相關，避免牽強附會。
5. 儘量簡潔表述，但不損失所需資訊的完整性。

例如：某位就讀資訊工程系的大學生克華對於人工智慧的最新發展深感興趣，一個不太精準的問題可能是：「人工智慧現在的**發展怎麼樣了**？」這個問題非常廣泛，沒有具體指涉他所感興趣的領域，ChatGPT 自然也無法針對這個問題提供足夠豐富的資訊來回答。

　　換個角度來思考，增添了「清晰性」與「具體性」之後，一個比較精準的問題可能是：「請問最新一代的 GPT **模型**在**處理自然語言理解方面**有哪些顯著改進，特別是在**理解資訊脈絡的能力上**？」這個問題明確地點出了把關注焦點放在 GPT 模型上頭，而且具體到了感興趣的專業能力範圍——自然語言和上下文脈絡的理解。

　　當我們對 ChatGPT 進行精準提問時，再次提醒，應該儘量提供所有必要的背景資訊，當你能夠照顧到各方面的細節，系統就可以儘快理解問題的脈絡，並根據你所提供的參考資訊來提供答案。如此一來，這樣的對話才可望得到更為直接和有深度的回答，同時也降低了誤解的風險和需要多次追問的機率。

　　換句話說，**精準提問不僅是一種藝術，更是一門科學**。它可以幫助我們在與大型語言模型或人們進行交流時，獲得更有效、準確的回應。

　　在接下來的篇章，我會從各種角度，來為你深入淺出地解釋如何精準提問。不過在正式開始介紹如何向 ChatGPT 精準提問之前，我想先介紹有關「提示工程」（Prompting

Engineering）這門技術。

什麼是「提示工程」？

從2022年開始，全球颳起一陣AI旋風，隨後或許有些人就開始會在報章雜誌或網路媒體上看到「提示工程」這個專有名詞，提示工程跟ChatGPT之間，有什麼密切的關聯呢？

根據維基百科的介紹，「提示工程」是人工智慧中的一個概念，特別是自然語言處理。在提示工程的範疇之中，任務的描述會被嵌入到輸入中。例如：不是隱含地給予模型一定的參數，而是以問題的形式直接輸入。

整體而言，**「提示工程」是一種專門研究如何與自然語言生成模型（如GPT-3、GPT-4等）互動的學科。它涉及設計和優化提示詞——也就是給定給模型的問題或指令，以便引導模型產生有用、準確的輸出**。這一個過程不僅需要對模型的工作原理有基本的理解，還要有創意地進行提示詞的設計，方能達到特定的目標。

「提示工程」的原理其實有點複雜，在此讓我為你做一些簡單的說明。它的核心原理和邏輯，主要基於以下幾點：

- **理解模型的能力與限制** 知道模型可以理解和生成什麼

類型的語言、它的知識範圍，以及其預訓練資料的日期截止點。

- **語境設置** 大型語言模型的回答，往往依賴於它所接收的提示語境。所以一個合適的語境往往可以導向更精確的答案。

- **資訊結構化** 提示工程需要將資訊以結構化的方式提供給模型，以利於模型更好地理解和處理。

簡單來說，「**提示工程**」**就是給予**ChatGPT、Claude或Google Bard**等AI工具一個起始的提示或提問線索，讓它可以有一個明確的方向依循去生成回覆**。請謹記，一個良好的提示詞之所以重要，主要因為能夠讓AI工具給出更貼合題意和需求的回答。

為了幫助你更能夠理解「提示工程」的架構，我用一張流程圖（圖3-1）來展示從確定提問初衷到規劃提問方向，再到分析回答和進行回饋與優化的整個過程。

一個有效的「提示工程」，通常應該遵循以下的原則：

1. **明確性**：提示應該明確無歧義，直接關聯到想要的問題或任務。
2. **精簡性**：避免過於冗長或複雜的提示，這樣可以減少模型生成無關資訊的機會。
3. **相關性**：提示與問題應高度相關，這樣模型才能更

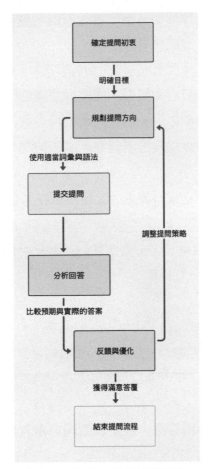

圖 3-1 提示工程的架構流程

準確地生成相關回答。

4. **可調節性**：根據模型的回答，進行適當的調整和優化，找到最合適的問法。

為了讓你迅速理解如何應用這些原則，接下來讓我舉一個職場常見的場景案例來輔以說明。

麗君是一位工作認真又有愛心的護理師，平時忙著在急診室裡照顧病患。最近她們醫院的護理長請她準備一份報告，這份報告需要彙總最近一個月內，她所在醫院急診室的患者接待量、常見病症以及患者滿意度調查的結果。

對話輪次一：確立資料需求（告知限縮在某個專業領域）

> 🧑 **麗君**　我需要一份**急診室的月報統計格式**，可以請你告訴我一般需要包括哪些內容嗎？

> ⑤ **ChatGPT**　當然可以！一般而言，一份急診室的月報通常會包含患者接待量、患者的常見病症分布、等候時間、治療時間以及患者滿意度調查的結果。

對話輪次二：分析答案，再聚焦細問追求實用度（獲取具體統計方法）

> 🧑 **麗君**　我想知道怎麼有效地統計這些數據，特別是有關**患者滿意度**的部分。

> ⑤ **ChatGPT**　要有效統計患者滿意度，妳可以使用

問卷調查的方式，問題應該是封閉式的，便於量化分析。另外，應該在患者治療完畢後立即進行調查，以確保回饋的時效性和準確性。

對話輪次三：提供回饋（提供其他相關資訊，以便解決實際操作困難）

> 🧑 **麗君**　我們通常在出院時進行調查，但是大家往往急著回家休養，所以回收率不高，有沒有改進的方法？

> 🌀 **ChatGPT**　妳可以嘗試改進問卷的分發方式，比如使用電子問卷透過手機發送，或是在等候區設置自助填寫站，也可以在醫院的布告欄張貼QR Code讓大家掃描唷！此外，簡化問卷內容，也能提高填寫率。

對話輪次四：最終優化提問（提出最終具體產出需求）

> 🧑 **麗君**　嗯！電子問卷聽起來不錯，你能給我一個簡單**問卷的範例**嗎？最好能讓患者或病人家屬在**10分鐘內完成**。

> 🌀 **ChatGPT**　當然可以。以下是一個簡化的患者滿

意度電子問卷範例：

你對於本次急診室的等候時間是否滿意？（□ 非常滿意 □ 滿意 □ 普通 □ 不滿意 □ 非常不滿意）

對於醫療人員的服務態度，你的滿意度如何？（□非常滿意 □ 滿意 □ 普通 □ 不滿意 □ 非常不滿意）

對於治療的效果，你感到滿意嗎？（□ 非常滿意 □ 滿意 □ 普通 □ 不滿意 □ 非常不滿意）

你有哪些建議可以提供給本院，以改善我們的服務？

　　這四輪的示範對話，剛好足以展示了如何透過明確、結構化且具有針對性的提問，從大型語言模型中獲得有用的資訊。每一輪對話都基於前一輪的回答，逐步深入，這不僅提高了回答的品質，也使得整個對話更加高效。此外，麗君的問題都集中在醫院的實際場景和解決方案上，這可以讓ChatGPT提供更為具體且實用的建議。

「提示詞」的奧祕

　　在使用諸如ChatGPT等大型語言模型時，我們必須懂得善用提示詞。此處的提示詞（或稱提問詞），並不是指

一個單詞，而是使用者放在輸入區的一串說明指令。對ChatGPT來說，良好的提示詞，可以顯著提高大型語言模型的輸出品質，也可以幫助大型語言模型更快地理解問題，節省電腦的計算資源。此外，良好的提示詞，能改善使用者與大型語言模型的互動品質，可增進整體體驗。

一言以蔽之，我們可以把提示詞理解為給予ChatGPT等AI工具的提示或提問。更詳細地來說，提示詞通常包含了以下元素：

- **背景脈絡**　提供實用的背景資訊和上下文，幫助AI工具理解問題情境。
- **任務說明**　簡單說明你希望AI工具執行的任務或回答的問題主題，例如：「請以簡單易懂的方式解釋……」。
- **具體要求**　說明對回覆內容的具體要求，例如：長度、格式或腔調等。
- **提問示例**　建議你最好可以提供一兩個提問示例或回答方向，讓AI工具學習你的期望答案會是什麼樣子。
- **限縮條件**　說明AI工具在回覆時的任何限制，例如：用200字以內說明、以某種語言回答，或者禁止（排除）某些內容等。
- **其他術語或參數**　某些AI工具還支援特定術語或參數來微調其行為，可以直接在提示詞中調用。

也就是說，你想要讓 ChatGPT 生成更精準的內容，請不要只是提出類似「請幫我寫一篇商品文案」或「請幫我整理會議紀錄」這樣單純的提示詞。最好能夠事先對「提示工程」的原理有一番認識與了解，循著一套隱形的架構提問，並且要懂得在不同的情境之下善用不同類型的提示詞來進行發問。

換句話說，各種不同類別的提示詞，其意義、目的與特性也反映了使用者與 ChatGPT 之間互動的多樣化需求。以下是有關每個類別的詳細解釋：

提示詞類型一：請求資訊搜尋

資訊搜尋的提示詞，旨在獲得確切的資訊或數據，通常是希望針對特定主題或問題來尋找明確的答案。主要請求提供具體的事實、統計數據或對特定問題的解答，有時也用於確認已知資訊的正確性。與其他類別相比，資訊搜尋要求的回答通常是基於事實而非意見或個人創意。

提問示例：目前臺灣電商平臺的市場占有率**分布情況如何**？

提示詞類型二：要求說明

說明性的提示詞，著重於尋訪意義，需要對某個概念、術語或過程提供深入的解釋或說明。主要希望幫助用戶理解複雜的概念或流程，通過詳細的解釋或示例來清晰表述。說明

性的提示詞更偏向於教育和澄清概念，而不僅僅是提供簡單的事實。

提問示例：請**解釋**什麼是負利率政策，以及它如何影響一般消費者和商業銀行嗎？

提示詞類型三：請教操作法

操作性的提示詞，著重於如何執行或操作一項任務，提供具體的「怎麼做」指南。主要期待給予用戶達成目標的具體步驟、方法或策略。操作性的提示詞通常涉及到指導性質的內容，需要給出一連串的行動指南或教學。

提問示例：我該**如何**為廚師們設計一個高效的餐飲工作流程，來提高本公司的餐廳服務速度？

提示詞類型四：請它貢獻創意

創意性的提示詞與創作息息相關，主要是為了鼓勵思考和創造全新的想法、故事與藝術創作等。主要能激發用戶的創造力，提供創新和原創的內容。

特性：與其他類別相比，創意性的提示詞更少依賴於既定的事實，而是開放給多種可能的創造性結果。

提問示例：我們需要一個創意的宣傳策略來推廣我們的環保餐具品牌，請問你**有什麼好主意**嗎？

提示詞類型五：尋求感性面回饋與方案

情感性的提示詞，往往特別關注於情感支持、建立信任或提供心理上的建議。主要在情緒層面上尋求給予支持，例如透過建議、鼓勵或共鳴來處理壓力、焦慮等情緒問題。情感性的提示詞的回答往往需要更多的同理心和情感投入，並非只是提供資訊或教學。

提問示例：最近市場景氣不好，我們公司不得不採取了裁員這個措施，留下來的員工普遍士氣低落，請問我應該如何**安撫**他們的情緒？

提示詞類型六：發揮教育培訓功能

教育性的提示詞，旨在學習和教育，通常要求對特定學科或技能進行深入的討論和分析。主要希望提供知識性資源，好比教學、策略分析或案例研究，來增強理解或技能。教育性的提示詞專注於教育成果，通常需要結合理論和實際案例來提供全面的學習體驗。

提問示例：對於非技術背景的公司管理階層，我該如何簡**單向他們解釋**有關區塊鏈（Blockchain）技術的運作原理和商業應用？

綜觀每種類別的提示詞，大多都有其特定的適用場景和回答要求。你若能事先理解這些差別，自然有助於更精準地向

ChatGPT提問，進而獲得更滿意的回答。在職場環境之中，這些類別的應用可以促進決策、增強溝通效率，並提升團隊的創造力和解決問題的能力。

相信你看到這裡，應該能夠了解該如何根據不同情景和目的來向ChatGPT提出精準的問題。而這樣的問題設計，不僅有助於獲取更加目標導向的回答，更能夠促進工作效率和幫助你順利解決問題。

整體而言，當你給予ChatGPT或其他的AI工具一個比較精準的提示詞時，就可以大大改善其回覆的品質和相關性。想要成爲一個提問高手，自然需要不斷練習和調整，並根據ChatGPT或其他AI工具的回覆持續優化。

關於如何設計良好的提示詞，除了前述的提供背景脈絡、明確提問，限制回答條件等之外，我個人還有幾點建議想要跟你分享：

- **試探和修正**　不用期待一次就問得很到位，可根據AI工具的回覆來修正提示詞，使其更加明確和相關，透過多次對話試探，讓你的提問更爲精準。
- **控制提問長度**　確保適當的提示詞長度，避免太短引起模糊或太長造成主題發散。
- **避免產生偏見**　想辦法避免在提示詞中，引入個人偏見或不合適的內容。

- **練習與反思** 多練習提問並反思回答的品質，可以持續改進提問的技巧。

俗話說「羅馬不是一天造成的」，讓我們勤於練習，努力成為一位耳聰目明的提問高手吧！

在本節的最後，讓我為你準備幾道有關提問的練習題。有興趣的讀者朋友，可以自行判斷這些問題隸屬於哪些類別？同時請根據自己的生活與工作經驗，來設計更為精準、有效的提示詞吧！

項目	提示詞	類別
1	想要鍛鍊健康的身心，需要養成哪些優良的生活習慣？	
2	請列出五個足以提升團隊士氣的方法，要有學理根據。	
3	請你從經濟學的角度進行分析，比特幣究竟是泡沫，還是未來？	
4	考慮到近年來全球股匯市的發展趨勢，為何指數股票型基金（ETF）特別受到投資大眾的青睞？	
5	請解釋行銷漏斗有哪些不同的階段？它有何重要？	
6	身為一名商學院的學生，我應如何準備和練習即將到來的 TED 風格的公開演講？	
7	我在科技業有五年以上的數據分析工作經驗，請問該怎麼寫一封應徵數據科學家職位的求職信呢？	

項目	提示詞	類別
8	請從科學、經濟和社會等不同的角度,講解氣候變遷與全球暖化的現象。	

　　提示詞的設計,牽涉到發問動機、背景資訊等相關脈絡,因此必須因時、因地制宜。以下的答案僅供參考,也歡迎讀者朋友們提出自己的見解。歡迎透過臉書社團「AI好好用」(https://www.facebook.com/groups/aiforselling)與我討論,謝謝!

1. 提示詞類型一:請求資訊搜尋
2. 提示詞類型五:尋求感性面回饋與方案 / 提示詞類型一:請求資訊搜尋
3. 提示詞類型二:要求說明
4. 提示詞類型二:要求說明
5. 提示詞類型二:要求說明 / 提示詞類型一:請求資訊搜尋
6. 提示詞類型六:發揮教育培訓功能 / 提示詞類型三:請教操作法
7. 提示詞類型三:請教操作法 / 提示詞類型四:請它貢獻創意
8. 提示詞類型二:要求說明 / 提示詞類型四:請它貢獻創意

第二節
思維鏈的概念

　　看完了第一節，不知道你現在的感受是什麼呢？是覺得
ChatGPT 的世界好神奇，還是覺得「提示工程」的技術很
深奧跟複雜？

　　舉個例子來說，如果你問 Siri：「明天上班，我需要帶傘
嗎？」，「提示工程」就像是告訴 Siri 怎樣去解釋這個問題，
然後如何找到答案（像是去查看天氣預報）。

　　諸如 ChatGPT 或 Claude 這樣專業的生成式 AI 工具，「提
示工程」會告訴一個已經訓練好的大型語言模型（你可以把
它想像成是一個已經飽讀詩書的聊天機器人）一種新的學習

方法。它不需要再學習所有的知識，而是學習怎麼利用已有的知識來解決問題。

比如：有一個叫做「**前綴調整**」（Prefix Tuning）的方法，它就像是**給這個機器人一副特別的眼鏡，讓它更容易看清楚問題的關鍵部分。**

再來是「**思維鏈**」，**這是一種讓機器人像人一樣思考的方法。**就像當你在解決一個數學問題時，你會一步一步地寫下解題過程一樣，「思維鏈」會讓機器人模仿這個過程。

例如：如果你問一個複雜的數學問題，機器人會「大聲思考」，一步步告訴你它是怎麼解題的，而不是直接跳到最終答案。

這樣做，有兩個顯而易見的好處：首先，它讓機器人在面對真正複雜的問題時更有可能找到答案。其次，它也讓我們更容易理解機器人是怎麼想的？如果答案有錯，我們也可以更容易看出來問題在哪裡？

最後，「**提示連結**」就像是把機器人解答問題的過程變成一個對話。這樣**當你問下一個問題時，機器人就可以記得之前的對話，給出更相關的回答。**

就好像你在和一位朋友討論去哪裡吃飯，他很快就根據你的偏好和預算，推薦了一家 CP 值頗高的餐廳給你。下次當你再問他相關的問題時，他可能會基於上次的談話來提供建議。

資訊科技的發展，可以說是一日千里。這些厲害的技術可

以讓我們的 AI 助理變得更聰明，更能夠幫助我們解決各種複雜的問題。

當然，在使用 AI 工具的過程中，也有很多事情是要格外小心的。好比前 Google 臺灣區總經理簡立峰就曾經提醒大家，生成式 AI 工具雖然很方便，但是也要小心「思考外包」的陷阱。

他提出一個觀點我也相當認同，那就是「AI 時代的通才，關鍵能力在發問」。簡博士告訴我們，過去大家習慣以 Google 搜尋，大腦瀏覽判斷所需資訊。如今 ChatGPT 將原本該由使用者自己瀏覽的網頁都學習完之後，直接餵養答案。

所以如果你**想要成為 AI 時代的通才，關鍵能力在發問**。對多數人而言，寬度比深度更重要，**問問題的能力比解題的能力更重要**。

換句話說，學習者需要拿回學習的主動權，而不是等著被教育。擁有學習動機是前提，再加上發問能力培養，我們仍能將主動權握在手上，讓 AI 工具成為學習的好助手。

訓練你的 ChatGPT 循序思考

接下來讓我為你介紹可以向 ChatGPT 精準提問的另外一個好工具、方法，也就是前面有提到的「思維鏈」（Chain of Thought，CoT）。

根據維基百科的介紹，「思維鏈」又可稱為「思路鏈」，它是文本提示（Textual Prompting）的一種技術，該技術透過提示大型語言模型生成一系列中間步驟來提高其推理能力，這些中間步驟會導致多步驟問題的最終答案。該技術由Google公司的研究人員於2022年首次提出。

根據Google Brain團隊的研究科學家Jason Wei和Denny Zhou等人的研究，「思維鏈」在訓練大型語言模型和設計提示詞的過程中，得以發揮顯著的作用。

我在上一節為你所介紹的「提示工程」，是一種讓ChatGPT等AI工具更懂得如何回答問題的技術。它把問題以提示詞的形式提供給AI工具參考，不是只提供參數而已。如此一來，AI工具就可以直接從問題本身去學習。

科學家們發現，**如果在提示詞裡加上「讓我們循序思考」（Let's think step by step）這樣的語句，可以提高ChatGPT等AI工具在需要多步驟推理的問題上的表現**。換句話說，這也就是所謂的「思維鏈」技術。

「思維鏈」讓AI工具在回答問題之前，先生成一系列的推理步驟，它的原理就像人腦在思考時的過程一樣。如此一來，就可以提升AI工具解決複雜問題的能力，尤其是面對需要思考推理或數學計算等問題。

設法擴大語言模型的規模，當然是一種技術的突破，但這個過程不但漫長，通常也很花錢。所以一群專家和學者們決定另闢蹊徑，設法透過「思維鏈」技術來有效提升ChatGPT

等 AI 工具在複雜推理問題上的表現。它善於模擬人類思考的過程，足以讓 AI 工具的回答更容易被人理解。

「思維鏈」聽起來有點深奧，其實它指涉的是一系列與邏輯相關的思考步驟，只是我們把它串聯起來，形成一個完整的思維過程。如果你看到這裡，覺得「思維鏈」還是有點複雜的話，我可以換個說法來跟你解說。

比如讓 ChatGPT 或 Claude 這樣的大型語言模型思考：

1 顆蘋果加 2 顆蘋果，等於幾顆蘋果？

你可以逐步提示它，先讓它寫出「1+2=3」這個推理步驟，然後讓它根據這個步驟得出「3 顆蘋果」這個結果。

如此一來，就可以把大型語言模型的推理過程，透過「思維鏈」的邏輯明確地展現出來了。

這種循序漸進的提問方式，更容易讓提問者檢驗大型語言模型的推理是否正確？即使在提問過程中出現錯誤，其實也不打緊，我們可以及時進行修正。

總之，運用「思維鏈」的概念來設計提示詞，就像是讓 ChatGPT、Claude 等大型語言模型來做一道細緻的數理分析題，而不僅是簡單的填空題。它可以讓這些生成式 AI 工具詳細地展示推理過程和各個步驟的邏輯，進而提高其推理能力。

你可以運用「思維鏈」的概念設計更有效的提示詞，藉此

引導 AI 工具提供更深入和結構化的回答。例如：

- **問題拆解**　當你問 ChatGPT 或 Claude 一個複雜問題時，你可以要求它將問題拆解成好幾個子問題，並逐一回答。
- **逐步解釋**　在要求模型解釋一個概念或過程時，你可以要求它提供一個逐步的解釋，每一步都清晰地標明。
- **舉例說明**　當要求大型語言模型舉例說明時，你可以要求它使用「思維鏈」來展示如何從問題到解決方案的整個過程。

　　舉例來說，如果你想要讓 ChatGPT 為小學生解釋一道簡單的數學問題，你可以這樣設計提示詞：

> 媽媽給了雅妮 8 顆小蘋果，她在上學途中不小心掉了 2 顆，到了學校之後，她分了 3 顆給坐在旁邊的思華。後來，思華吃不完那麼多，又還給她 1 顆。請逐步解釋雅妮最後還剩下多少顆蘋果，並說明每一步的推理過程。

　　透過這種方式的提問，ChatGPT 將不僅僅給出正確的答案，更可以展示出回答出該答案的思維過程，這對於教育和學習來說，格外具有價值。

當然,「思維鏈」不是只能拿來算數學,在瞬息萬變的商業環境中,更適合運用「思維鏈」來設計 ChatGPT 或 Claude 等 AI 工具的提示詞,藉此幫大家解決各種複雜的問題,提高決策品質,並促進創新思維。

以下是一些常見的場景應用:

用思維鏈概念設計提示詞

案例一:市場分析

本公司正在考慮針對兩岸三地的白領人士,推出一款全新的智慧手錶產品。請按照以下步驟提供市場分析:首先,分析目前全球智慧手錶市場的發展趨勢;其次,識別位於亞洲的主要競爭對手及其市場占有率;然後,評估本公司想要鎖定的目標客群;最後,請針對如何做好公司定位與市場區隔,提供專業的建議。

這個提示詞的設計,充分引導 AI 工具逐步分析市場概況,並根據每一步的結果來形成最終的市場定位策略。

案例二:風險管理

本公司從事金融科技軟體的開發,最近打算拓展事業

版圖，布局東南亞市場。請按以下步驟評估此舉的潛
在風險：首先，請幫我列出進軍東南亞市場的常見風
險；接著，根據本公司的商業模式與業務模型，確定
哪些風險最為顯著；然後，提供針對這些風險的解決
方案與行銷策略；最後，請為我擬定一個監控風險與
趨吉避凶的計畫。

這個提示詞的設計，不僅要求 AI 工具主動辨別市場風險，
還要求它提供解決方案和監控計畫，進而形成一個全面的風
險管理框架。

案例三：產品開發

本公司想要開發一款針對高端消費者的咖啡機，請按
以下步驟提供產品開發建議：首先，分析高端消費者
對咖啡機的需求和偏好；其次，根據這些需求提出幾
個創新的功能特點；然後，討論如何在設計中融入這
些功能；最後，請為我建議一個能夠測試這些功能是
否符合市場需求的方法。

這個提示詞的設計，明確要求 AI 工具從市場需求出發，
逐步引導至產品設計和測試階段，有助於產品開發團隊理解
市場和用戶需求。

案例四：業務策略

本公司已有 20 年的歷史，主要販售健康食品，最近為了刺激消費，打算推出一項新的客戶忠誠度計畫。請你按以下的步驟，提供具體的策略建議：首先，分析當前市場上的忠誠度計畫類型；接著，確定哪些類型最適合本公司的業務和客戶；然後，請幫忙設計一個初步的忠誠度計畫框架；最後，請再提出如何衡量該計畫效果的具體方法。

這個提示詞的設計，有效幫助 AI 工具聚焦於創建一個客戶忠誠度計畫上，並考慮如何評估其成效。

案例五：人力資源管理

本公司主要從事食品加工，生產線的員工可說是我們最重要的資產，最近訂單大幅增加，員工們忙碌加班導致心生不滿。所以我們迫切需要改善員工的工作滿意度。請按以下步驟提供一個行動計畫：首先，分析影響員工滿意度的主要因素；其次，根據這些因素提出改善建議；然後，討論如何實施這些建議；最後，請提出具體的解決方案，並告知如何追蹤和評估改善措施的效果。

這個提示詞的設計，要求AI工具從釐清問題到解決方案的實施，再到效果評估，形成一個完整的改善計畫。

　　透過以上的這些案例，我相信你可以理解，「思維鏈」的提問設計可以幫助ChatGPT、Claude或Google Bard等AI工具更好地理解商業問題，並提供結構化和深入的解決方案。這種邏輯思維，特別適用於需要逐步推理和深層分析的情況。

第三節
應用思維鏈精準提問

　　看完上一節的內容，相信你已經能夠理解，「思維鏈」
（Chain of Thought，簡稱 CoT）是一種適合在自然語言處
理和機器學習中使用的技術。它的目的是透過引導大型語言
模型逐步解決問題，來提高其解釋能力和準確性。這種方法
特別適用於複雜問題的解決，如數學計算、邏輯推理或語言
理解，因爲它能夠幫助大型語言模型更好地理解和處理問題。

　　老實說，「思維鏈」的概念其來有自，並不是這一兩年的
全新創見，它在某種程度上**模仿了人類解決問題的過程**。有
鑑於過去大型語言模型在解決需要逐步推理的問題時，往往

效果不佳。因此研究人員開始探索如何使這些模型能夠模仿人類的思維過程，這也就是「思維鏈」的濫觴。

可以說，現在的大型語言模型已具備基本的思維鏈運作模式。使用者可以善用這個特性，爲了增強回答品質，使用者自身也須具備這樣的問題解構與分析能力，將複雜問題拆解成一系列較小、較易管理的子問題。這些子問題連接起來形成一個鏈條，在環環相扣的過程中，每一環都是對前一環的回答或解釋，形成一整套完善的回饋與方案。

問題拆解、推演力，決定你的提問品質

職場人士可應用「思維鏈」以一種結構化的方式來分析商業問題、規劃行銷策略。除了前一節所舉例案例，運用一個提示詞，要求 ChatGPT 循序思考與回答之外，遇到較爲龐大需細細梳理的複雜的主題時，可運用思維鏈的架構，然後透過多輪次對話來**循序提問**，以確保對話被你控制在一定的範圍之內，不會太過發散，每個輪次逐一檢查分析回答品質後再繼續提問，循序關注各個子題，確保所有關鍵面向都一一被問到，不會有疏漏。

要做到這樣，等同使用者必須具備很好的問題解構與分步驟推理的能力。

我來打個比方，假設治平是某家科技公司的行銷經理，

該公司即將推出一款俗稱「美腿機」的智慧型按摩器材。他的任務顯而易見，就是要擬定一個有效的市場推廣計畫。在這個腦力激盪的過程中，治平運用了「思維鏈」的方法和ChatGPT進行互動：

1. 問題解構

傳統提問：治平可能直接發問：「我們應該如何推廣這款美腿機？」

思維鏈方法：治平首先會釐清這個問題：「我們的目標客戶群是哪些人？」，然後進一步探索：「這些客戶通常在哪裡獲得產品訊息？他們的購買決策，會受到哪些因素的影響？」

2. 分步驟推理

傳統提問：可能會直接跳到結論，例如：「我們應該在Facebook、Instagram 等社群媒體上投放廣告。」

思維鏈方法：經過對目標客戶群的深入理解，治平可能會透過與ChatGPT的持續對話，逐步推導出更具體的策略，例如：「針對健康意識強的年輕客戶，在健康、瘦身相關的內容平臺或社群媒體上投放廣告以進行宣傳內容。」

案例：申請政府部門的計畫補助

　　為了能夠讓大家能夠學會應用「思維鏈」來跟ChatGPT、Claude等AI工具精準提問，接下來我要用兩個比較完整且貼近真實場景的職場案例，來為你舉例說明：

　　案例的主角是剛剛加入臺北某家文化創意公司的銘瀚，他想為他們公司爭取文化部所推出的「臺灣品牌團隊計畫補助案」。他對文創產業充滿熱情跟抱負，卻不知道該如何彙總公司的資源來撰寫年度營運計畫？

　　若具備前面章節的基本知識，銘瀚可能會按照這樣的原則來進行提問：

1. **釐清需求**：首先，銘瀚需要清楚自己缺少哪方面的資訊？假設他對撰寫年度營運計畫的結構和內容不熟悉，就必須從此處著手。

2. **具體提問**：銘瀚：「我需要為文化部的文創補助案撰寫一份年度營運計畫。你能**指導我有關報告書的架構和推薦的內容**嗎？」

3. **提供背景資訊**：接下來銘瀚也會更具體的背景資訊，例如：「我們公司是一家專注於利用虛擬實境技術來復興臺灣傳統藝術的企業。」

4. **逐步實施**：銘瀚可以分步驟逐一地詢問，首先是營

運計畫的架構,然後是每個部分的具體建議。例如:他可能會這樣問:「你能先告訴我年度營運計畫的**基本結構,應該包括哪些單元**嗎?」

5. **進一步深入:**在掌握基本的架構之後,銘瀚會再每一部分進行深入詢問,比如:「對於**市場分析部分,你**建議我應該包括哪些要素來證明我們公司的虛擬實境技術能夠吸引目標客群?」

6. **評估與調整:**在得到初步資訊之後,銘瀚可能需要根據ChatGPT給出的建議進行調整和深化,再次提問以獲得更詳細的建議。

7. **結果應用:**當銘瀚獲得了所需的所有資訊之後,他就可以開始撰寫年度營運計畫,並可能會在撰寫報告的過程中,回來尋求ChatGPT提供更具體的建議或意見回饋。

　　可想而知,倘若能夠採取類似這樣的提問對答策略,應該可以獲得中規中矩的解決方案。而基於「思維鏈」的精神,以下將重新構思和加強銘瀚與ChatGPT之間的提問對話,以便更有效地幫他深入分析與解決問題。**重新修改後的提問對話:**

銘瀚 嗨！我剛加入一家文化創意公司，我們希望申請文化部的「臺灣品牌團隊計畫補助案」。本公司的業務是利用虛擬實境技術來復興臺灣傳統藝術。我們面臨的主要挑戰，就是如何在計畫書中有效地展示**市場定位和財務計畫**。你是一位**厲害的行銷專家**，可以幫我**釐清整個計畫案的結構和關鍵要素**嗎？

ChatGPT 當然可以，銘瀚。對於市場定位，我們需要先確定目標市場的特性和需求，然後根據這些訊息，明確你們如何利用虛擬實境技術來滿足這些需求。至於財務計畫，我們應該從成本結構分析開始，然後基於市場數據來預測銷售和收入。這樣的結構使得你的計畫書既具體又有說服力。你對這些領域有具體的問題嗎？

銘瀚 是的，我們要如何更具體地定義**目標市場**呢？我們需要**考慮哪些因素**？

ChatGPT 為了有效選擇目標市場，你需要分析目標客戶的年齡、性別、收入水平、興趣和文化偏好。此外，考慮這個市場的大小、潛在成長和競爭環境。對於貴公司的產品，了解這些因素將幫助你建立一個有力的市場定位策略。

銘瀚 **關於財務計畫**，我們應該如何處理資金需求的估計和呈現，特別是考慮到我們文化創意產業的特殊性？

ChatGPT 對於資金需求，建議從計算啟動成本、營運成本和潛在的未來投資開始。考慮到文化產業的特殊性，重點在於展示如何有效地利用這些資金以及預期的回報。財務預測應該包括詳細的收入和支出預算，以及敏感性分析，以展示計畫在不同市場情況下的財務可行性。

銘瀚 **最後，對於計畫書的撰寫風格和語氣**，請問應該怎樣平衡專業性和吸引力？

ChatGPT 在撰寫風格上，建議使用清晰、簡潔且具有說服力的語言。專業性可透過精確的數據和事實來展現，而吸引力則來自於對公司願景和使命的熱情描述。保持一致的語氣，同時展示出對專案成功的信心和對挑戰的現實認識。

　　整體而言，「思維鏈」是一種強大的工具，不只是對於與 ChatGPT 的提問有幫助，它也能夠引領人們更深入、更有系統地思考問題，並提高決策品質和創新能力。在職場中，

表3-1 提問對話比較表

構面	原始的提問對話	修改後的提問對話	優化重點
問題的具體性	初始問題較為廣泛	問題更具體，明確提出主要挑戰	提高問題的針對性和深入性
推理過程	聚焦於一般性建議	強調逐步推理和具體分析	強化問題解決的結構性和邏輯性
回答的深入程度	回答較為一般，未深入特定細節	深入探討特定問題，如市場定位和財務預測	提供更深入、具體的解答
問題解構	對問題的解構不夠明確	清晰地將問題拆解為可管理的小部分	增強問題解構能力，使其更易於分析和解決
溝通效果	溝通較為直接，缺乏深入探討	透過問答形式深入探討各個方面的問題	透過深入交流增強理解和溝通效果
針對性	回答較通用，缺少針對性	針對性強的回答，聚焦於特定需求和挑戰	提高回答的針對性，直接回應具體的需求和挑戰

這種方法尤其有價值，因為它可以幫助團隊更有效地解決問題，並促進更好的溝通和協作。

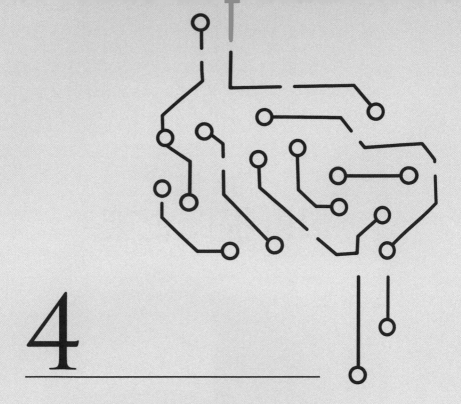

4

用蘇格拉底提問法，
讓 ChatGPT 做你的
智囊團

第一節
設計提問框架

　　看完了第三章，相信你對於可以如何向 ChatGPT、Claude 或 Bard 等各種 AI 工具提問，已經有了一番認識與了解。

　　如果你想要進一步做到與 ChatGPT 的有效溝通，希望它能夠給你更棒的解決方案，那麼我會建議你花點時間閱讀本章，理解提問框架的相關知識，甚至之後可以結合你的產業背景或工作、生活等需求，自行設計各種不同的提問框架。

促進深入思考的提問框架

什麼是提問框架？簡單來說，提問框架（Questioning Framework）是一種組織和引導提問的常用方法，適用於**促進深入的思考和有效的溝通**。在學術和專業領域裡常可見到各種提問框架的應用，如今特別被廣泛應用在教育、心理、諮詢和管理等範疇之中。它的核心在於透過具體且有針對性的問題，引導對話或討論的方向，進而達到更深層次的理解和分析。

提問框架自然有其學術理論背景，有興趣的讀者可參考以下的幾種方法學：

布魯姆的教育目標分類法（Bloom's Taxonomy）：這個理論是美國教育心理學家班傑明·布魯姆（Benjamin Bloom）於 1956 年在芝加哥大學所提出的分類法。他將認知目標分為不同層次，從記憶到創造，每一層都需要不同類型的問題來促進思考。

蘇格拉底式提問法（Socratic Questioning）：這是一種透過提問來促進批判性思維和自我反省的方法。

問題導向學習（Problem-Based Learning）：強調透過解決實際問題來自主學習，這種方法強調提問是引導學習的關鍵工具。

可以說，前面我們談過提問策略，包含基本互動技巧與思維鏈，都是針對提問涵蓋面向的完善度，導出的執行步驟。而當我們在與ChatGPT、Claude或Bard等AI工具進行交流時，若能援用合適的提問框架，則可以明顯提高其**回答品質**，因為提問框架直接影響機器人的語言理解能力，以及回答的切題程度。

那麼你可能會問：針對與ChatGPT、Claude或Bard等AI工具的互動，要如何建構一個優質的提問框架呢？以下的幾點建議，可以提供給你參考：

首先，請明確定義你的提問目標，這是非常重要的事情。在正式開始提問之前，要先告知ChatGPT你所期望獲得的回答類型與方向，比如：解釋某概念、提供某個事件資訊或給出具體的建議等，都可以增加回答的適切性。

其次，請你提供充足的背景資訊和上下文脈絡。如果想要避免ChatGPT等大型語言模型跟你「一本正經地胡說八道」，那就要先讓它理解問題背景，如此方能生成符合邏輯的回答。所以請盡可能說明問題或事件的原委、起因，並且耐心地為它解釋相關的專有名詞和場景、情境。

舉例來說，如果你是一位上班族，但某天因為感冒生病的關係不小心耽誤了工作進度，想請ChatGPT幫你草擬一封給主管的請假信，並希望在信中表達你的道歉之意。

這時你該怎麼做呢？嗯，千萬不要只是貼上一段類似「我因為得了流感，臥病在家兩天。請幫我寫一封信跟主管請

假，順便對耽誤工作進度表示歉意。」的提示詞唷！

唯有讓 ChatGPT 多了解你的情況，它才有辦法為你撰寫一封切合主題且感人的道歉信。比如：

1. 你為何需要請假呢？耽誤了部門的工作進度，會造成哪些影響？
2. 你需要向哪些對象致歉？是主管、同事、客戶，還是其他合作夥伴？
3. 你希望請假信中的語氣是怎樣的？比如：誠懇、謙虛或是不卑不亢地解釋事情原委呢？
4. 你是否有任何具體的彌補措施或替代方案呢？或是有其他的同事，可以做你的職務代理人？

如果你在請 ChatGPT 草擬這封請假信之前，可以先提供以上四點的想法的話，我想這會有助於 ChatGPT 幫你構思更為周延的請假信，同時還可以在信中提到你的處境，使主管更能感同身受。

再來，提問要有條理和步驟。從基本問題開始，再深入細節。這個部分可以搭配「思維鏈」的方式進行，避免一開始就問很複雜的問題。

此外，在提問的過程中使用具代表性的案例來輔助說明，也會很有幫助。因為透過案例或數據的說明，可以幫助 ChatGPT 更易於理解抽象的概念，並且學習合宜的回答方

式。

最後，可以適度提出一些挑戰 ChatGPT 能力極限的問題，這也可能顯現出需要改進的空間。但也要請你注意，必須設定合理的期望，不能提問大型語言模型無法處理的問題。

看到這裡，你應該可以理解：一個有效的提問框架不僅能提升與人的溝通品質，也能提高與 ChatGPT 互動的品質。

透過提問框架的協助，除了可以幫助 ChatGPT 聚焦在問題本身，更能在切合主題的前提之下提高回答的品質。當然，在提問的過程中若能發現提問框架本身的缺失或值得改進之處，進而持續修正，這也是相當重要的。如此一來，方能確保與 ChatGPT 持續進行高效的溝通。

另一方面來說，提問框架是在正式開始提問**之前**就要做好的一個準備過程。運用它來幫助你先釐清問題的各層面，並確立你想要獲取的內容方向，再去提問，這個框架可以幫助你不會掛一漏萬。

為了幫助你更加理解提問框架的妙用，讓我用自己之前開發的一套提問框架來為你解說。

我在 2023 年 5 月所出版的《1 分鐘驚豔 ChatGPT 爆款文案寫作聖經》一書中，曾經針對文案寫作與數位行銷的範疇，為讀者朋友們設計了一套「VISTA 提問法」。基於篇幅的限制，簡單說明如下（有興趣想了解細節的朋友，可以購

書來看）：

VISTA 提問法

V -Visualize（**想像願景**）：在此步驟中，你需要想像出你想要達成的目標和願景，以便爲你的提問建立一個明確的方向和目標。

I -Identify（**確定問題**）：在此步驟中，你需要確定問題或挑戰的具體描述，以及所需要的解決方案所需的更多資訊。

S -Strategize（**制定策略**）：在此步驟中，你需要制定一個具體的解決策略，以應對你所確定和確定的問題或挑戰。

T -Test（**測試策略**）：在此步驟中，你需要測試你制定的策略，以確保它可以有效地解決你所確定的問題或挑戰。

A -Act（**執行計畫**）：在此步驟中，你需要執行你所制定的計畫，並監控其有效性和可行性。

那麼我們可以如何運用「VISTA 提問法」呢？我以一個職場上的案例來講解。

李志凱在臺北市的某家科技公司服務，最近剛被提拔爲行銷部門經理，主要負責推廣一款新的智慧型手機應用程式。老闆給他的目標很明確，就是要設法提高這款 App 的市場知名度，並且希望在半年內增加兩倍的下載量，達到 10 萬

人次之譜。

　年輕有為的李志凱，整個人還沉浸在升官的喜悅之中，忽然間就接到老闆傳來的這個指令，讓他覺得頭皮發麻。他試著讓自己冷靜下來，很清楚知道自己需要制定一套可行的行銷策略。這時ChatGPT就會是他腦力激盪的一個好夥伴，幫助他思考更周延，計畫更可行。

　那麼他該怎麼精準提問，才能與ChatGPT進入腦力激盪中呢？現在我們可以援引「VISTA提問法」的架構，幫助他確保自己能針對以下這幾個方向，向ChatGPT提問，蒐集意見：

1. Visualize（想像願景）

　探討方向：「針對我們公司所開發的App，希望達到的品牌知名度和下載量目標是什麼？理想中的市場反應和客戶回饋，又是怎樣的呢？」

2. Identify（確定問題）

　探討方向：「目前阻礙我們達到這些目標的主要挑戰是什麼？我們需要哪些具體資訊來理解目標客群和市場環境？」

3. Strategize（制定策略）

　探討方向：「基於我們目前的資源和市場環境，我們可以

採取哪些具體策略來克服這些挑戰？這些策略如何與我們的整體行銷目標和品牌定位相結合？」

4. Test（測試策略）

探討方向：「我們如何有效地測試這些策略的效果？是否有可行的方法來追蹤和評估策略的表現，如A/B測試或市場調研？」

5. Act（執行計畫）

探討方向：「為了執行這些策略，我們需要哪些具體步驟和資源？我們如何確保計畫的持續性和靈活性，以便根據市場反應和數據分析進行調整？」

以李志凱的案例來看，第一步驟沒問題，他應該很清楚知道提升App下載量的目標，就是行銷部門的願景與當務之急。

接著，對他來說，需要先釐清主要的問題與挑戰為何？仔細想想，該公司先前之所以無法提升下載量的原因，是因為社會大眾對這款App的認識不足嗎？還是目標客群沒有強烈的使用動機呢？抑或是廣告投放的成效不理想呢？針對這些面向，依據實際狀況與具體疑問，發展出提示詞，與ChatGPT對答。

從與ChatGPT的問答中，李志凱或許就能獲得一些啟發，

接著擬定清晰的行銷策略，像是進行一系列的社群媒體廣告活動，考慮和網紅、部落客或YouTuber進行合作推廣。

像這樣運用「VISTA提問法」的步驟，思考、推導並進行提問之後，ChatGPT或許會建議李志凱可以透過設置不同類型的廣告和合作內容，並追蹤它們的點擊率和轉化率來測試這些行銷策略。最後再逐步執行這些策略，並定期檢視其效果，且根據需要來進行調整。

換句話說，透過「VISTA提問法」可以幫助像李志凱這樣的行銷人，更有組織地處理從設定目標到執行和評估的整個過程，這也有助於確保所有的行銷努力更加有效和具有針對性。

你也可以像我一樣，根據你對難題解決的理解與需要，發展出你的思考架構，並設計出你自己的提問框架！

而在針對提問框架去跟ChatGPT對話時，也不忘帶入並活用先前幾章提過的各項原則：

1. 提供背景資訊：儘量提供相關的背景資訊，讓ChatGPT能夠理解問題脈絡與場景、情境。

2. 使用開放性問句：多使用「怎樣」、「爲何」等開放性問句，避免封閉性的Yes/No問題。

3. 循序漸進提問：如果你的問題較爲複雜，可以循序漸進，一步一步詢問相關細節。

4. 適時舉例說明：在適當的時機舉出一些案例或數據，

協助ChatGPT理解抽象概念或複雜問題。

5. 仔細求證假設：詢問ChatGPT對於某個假設的意見的看法，藉此測試其邏輯一致性。

6. 明確做出總結：與ChatGPT對話之後，對其觀點和建議做一個明確的總結。

7. 持續迭代精進：根據與ChatGPT的多次互動，持續修正和完善你的提問框架。

　透過以上的這些步驟，我相信可以幫助你更高效地運用ChatGPT等AI工具，進而獲得更有價值的知識與寶貴的建議。

第二節
蘇格拉底式提問法

　　根據維基百科的介紹，蘇格拉底式提問法（Socratic Questioning）是一種有結構的質疑方式，可用於探索許多方面的思想，包括探索複雜的想法、了解事物的真相、解決問題和問題、揭示假設、分析概念、區分我們所知道的和我們不知道的東西、跟蹤思想的邏輯含義或控制討論。

　　換句話說，這是一種以引導式對話促進思考和理解的方法。它源自古希臘哲學家蘇格拉底的教學法，其核心在於透過一連串深入且具挑戰性的問題來激發批判性思維、揭示假設、並探索思想的深度和一致性。

用批判性思維提升對話品質

蘇格拉底式提問法，具有以下的特點：

- **探索性質問** 透過開放式問題引導對方探索主題的不同方面。
- **理解和澄清** 要求對方解釋和擴展他們的觀點。
- **挑戰假設** 質疑對方的假設，促使他們重新考慮自己的立場。
- **視角探索** 鼓勵對方從不同角度看待問題。
- **後果和影響** 討論某個觀點的可能後果。
- **質疑問題** 反思和評估提問本身的價值和意義。

知名作家褚士瑩曾說過：「蘇格拉底對話，就是一場思考對話的盛宴。」他有一段精彩的譬喻，我很認同：蘇格拉底對話（Socratic Dialogue）像米其林廚師對待料理的態度那樣，從「備料」開始準備我們的腦子，到了「開口」這一步，已經是開始端出仔細搭配好「套餐」的最後階段了。

簡單來說，蘇格拉底式提問法是一種透過一連串有深度的問題，來引導對話者進行思考和自省的方法。當你與ChatGPT、Claude或Bard等AI工具進行對話時，使用這

種提問方式可以帶來多種好處。有關使用蘇格拉底式提問法的特性和優點，請參考以下的表格：

表4-1 蘇格拉底提問法的特性

特性	優點
深入探究主題	透過連續問題引導 ChatGPT 深入分析主題，得到更全面和深刻的答案。
促進清晰思考	幫助提問者將問題明確化和細分化，使 ChatGPT 提供更精確和專注的回答。
澄清觀點和假設	透過提問揭示隱含的假設或前提，使得回答更加周全和合理。
引導自我修正	當 ChatGPT 的回答出現偏差時，透過進一步提問可以引導它進行自我修正和調整。
促進創造性思考	鼓勵 ChatGPT 探索不同的角度和可能性，促進創造性和批判性思考。
建立對話連貫性	透過一系列相關問題建立話題的連續性，使得對話更加流暢和有邏輯性。

使用蘇格拉底式提問法，可以提高與ChatGPT交流的品質，使得對話不僅是簡單的問答，而是一個深度學習和探索的過程。這種提問方式特別適用於需要深入探討、批判性分析或創造性思考的話題。

為了讓你澈底理解蘇格拉底式提問法的特色，接下來請讓我用一些實際的場景、案例來說明。

案例一：教育環境

情境 王明惠老師在授課時運用蘇格拉底式提問法，來跟同學們討論有關「全球暖化」的主題。

實踐

- 王老師首先問學生：「你們如何定義全球暖化？」（**探索性質問**）
- 繼續問：「這種定義背後的科學依據是什麼？」（**理解和澄清**）
- 進一步探詢：「如果全球暖化持續，可能會帶來哪些後果？」（**視角探索**）
- 最後提問：「這些後果如何影響我們的日常生活和未來的決策？」（**後果和影響**）

效果 王老師透過這些提問，不但讓學生重新審視自己對全球暖化的理解，還可以從不同角度來思考這個問題的多元面向，促進深入學習的興趣與動機。

案例二：商業諮詢

情境　張宏達是一位知名的商業顧問，他在幫助客戶分析市場擴張策略時，擅長使用蘇格拉底式提問法來刺激發想。

實踐

- 張顧問首先問客戶：「你們認為延伸事業的觸角，擴展到東南亞新興市場的最大挑戰是什麼？」(**探索性質問**)
- 接著詢問：「這些挑戰背後的原因是什麼？」(**理解和澄清**)
- 再問：「有哪些策略可以克服這些挑戰？」(**理解和澄清**)
- 最後問：「如果這些策略不幸失敗了，貴公司有想過該如何調整嗎？是否有其他的替代方案？」(**視角探索**)

效果　透過這種提問方式，可以幫助客戶更深入地分析了市場擴張的各種因素，並促使他們開發出更全面的策略。

　　當然，蘇格拉底式提問法的應用範疇相當廣，不僅適用於學術界和教育培訓領域，也被廣泛應用於商業、法律與心理諮詢等多個領域。透過這種提問方式，可以促進深度思考、增強理解，並鼓勵發想各種創新的解決方案。

蘇格拉底式提問法可以應用在不同的領域，像是：

在商業領域，蘇格拉底式提問法能夠幫助領導者和團隊深入分析問題，挑戰既有的假設，並促進創新思維。例如：在商業策略會議中，透過詢問如「我們的核心競爭優勢是什麼？」、「如果我們改變策略，可能出現哪些新機會或風險？」等問題，可以幫助團隊更全面地評估情況，並探索新的可能性。

在教育、培訓領域中，蘇格拉底式提問法鼓勵學生深入思考，自主學習。老師可以透過提問引導學生探索概念的深層含義，並從多個角度理解問題。例如：在討論歷史事件時，老師可能會問：「這個事件如何影響了當時的社會結構？」或「如果你是當時的一名決策者，你會如何行動？」這樣的問題，鼓勵學生進行深入分析和批判性思考。

甚至在心理諮詢與治療領域，蘇格拉底式提問法能夠幫助諮詢師挖掘客戶的深層感受和信念。例如：諮詢師可能會問客戶：「你認為這種感覺的根源是什麼？」或「當你遇到這種情況時，你通常會如何反應？」這類問題有助於揭示客戶的內在動機和思考模式，進而帶動更有效的治療過程。

當然，我們不僅可以把蘇格拉底式提問法應用在職場上，甚至援引這樣的理念來設計提問框架，參考它的架構來向 ChatGPT 提問，進行具有思辯風格的討論，以便激發對難題能有更周延的解析，並找出更完善的方案。

蘇格拉底對話法的思考順序

現在，讓我為你提供一個可以適用於職場環境的蘇格拉底式提問框架。這個提問框架淺顯易懂，旨在促進團隊成員的批判性思維、促進問題解決和提高決策品質。

我們可以這樣設定提問的順序：

1. 問題理解

- **開放性問題** 「本公司目前面臨的主要挑戰是什麼？」
- **澄清問題** 「你能描述一下這個問題具體是怎樣的嗎？它是如何產生的？」

2. 挑戰假設

- **探索性問題** 「我們對這個問題有哪些基本的假設？這些假設是否經過驗證？」
- **反思性問題** 「如果這些假設不成立，我們的觀點會如何改變？」

3. 視角探索

- **多角度問題** 「這個問題對不同利益相關者（如客戶、員工或合作夥伴）意味著什麼？」
- **假設反轉問題** 「如果我們站在競爭對手的立場上，會

如何看待這個問題？」

4. 探討後果和影響

- **後果預測問題**　「如果我們選擇特定的解決方案，可能會帶來哪些短期和長期後果？」
- **風險評估問題**　「這些後果對我們的業務和團隊有哪些潛在的影響？」

5. 解決方案和行動

- **創新性問題**　「我們可以採取哪些創新的方法來解決這個問題？」
- **行動導向問題**　「為了實現這些解決方案，我們需要哪些資源和行動步驟？」

6. 反思和評估

- **自省問題**　「在解決這個問題的過程中，我們學到了什麼？」
- **持續改進問題**　「未來我們如何避免類似問題的發生，或更有效地處理這類問題？」

　　這個對話討論框架一般適用於企業或組織的團隊會議、專案規劃或決策制定過程等多種情境，透過這樣的提問方式，我們將之運用在與 ChatGPT 的對談上，也能獲得同樣的效

果，等於是在個人的工作上，如同擁有了虛擬的團隊夥伴，**透過與 AI 深度對談溝通，甚至是批判性對答，激發創新思維，提高你在工作上問題解決的效率和品質。**

第三節
INSIGHT 提問框架

　　看到這裡，也許你已經知悉蘇格拉底式提問法的特色了。但是要如何有效運用它呢？接下來讓我為你提供一個完整的提問框架。

　　這是一個以蘇格拉底式提問法為基礎的提問框架，設計的目的是為了幫助讀者朋友好記又好上手，能夠更有效地與ChatGPT互動，解決職場上的常見問題，好比：文案撰寫、客戶服務或時間管理等議題。

洞見提問法

我把這個提問框架命名為「INSIGHT」提問框架，中文名稱則是「洞見提問法」：

1. Identify（識別問題）

> 問題 「你面臨了哪些職場問題？例如：在文案撰寫、客戶服務或時間管理等方面，是否遇到了一些瓶頸？」

2. Navigate（導航思考）

> 問題 「你對這個問題的當前理解程度如何？你已經採取了哪些步驟來解決它？」

3. Scrutinize（仔細審查）

> 問題 「你對這個問題有哪些基本的假設？你認為哪些可能是導致問題的根本原因？」

4. Imagine（想像可能性）

> 問題 「如果你可以順利地解決這個問題，結果會是怎樣的？你可以想像哪些創新的解決方案？」

5. Generate (生成解決方案)

> 問題　「根據你目前的理解，哪些具體的解決方案可能有效？你如何計畫實施這些方案？」

6. Harvest (收穫成果)

> 問題　「實施這些解決方案之後，你期望得到什麼樣的結果？你將如何評估成效？」

7. Transform (轉化學習)

> 問題　「從這次經驗中，你學到了什麼？這對你未來的職業生涯有什麼影響或啟發嗎？」

關於這個全新的提問框架，我特別花了一些時間和心思來設計，不僅希望為大家提供一個結構化的方式來組織和引導提問，還鼓勵所有的讀者朋友可以更深入思考和探索問題的多個面向。透過這種提問對話的方式，可以讓你更有效地利用 ChatGPT 的能力來找到創新的解決方案，進而提高職場上的表現。

接下來我想用一個貼近真實場景的案例來做說明，幫助你理解可以如何運用「INSIGHT」提問框架。

楊懿慧是一位經驗豐富的產品經理，目前在智霖科技工作，這是一家專注於軟體開發和創新解決方案的科技公司。

近日，她收到了和諧通訊的商務開發主管李婷儀的來信。和諧通訊是亞太地區的一家通訊服務提供商，致力於提供高品質的客戶服務和技術支援。

在這封信中，李婷儀表達了和諧通訊對開發一套專門針對通訊產業的 CRM（客戶關係管理）系統的強烈興趣。她希望智霖科技能夠提供一個創新的解決方案，以幫助和諧通訊更有效地管理客戶數據、優化服務流程，並提高整體業績。

楊懿慧聽聞此一訊息後，對此感到既興奮又壓力重大。這不僅是智霖科技擴展業務範疇、進入通訊行業的絕佳機會，無疑也是一個挑戰，因為她需要深入了解和諧通訊的具體需求，並對市場現狀有全面的把握，以便規劃出一個全面而吸引人的產品提案。

面對這樣的挑戰，楊懿慧決定尋求 ChatGPT 的協助，以便更好地理解客戶的需求和市場狀況，並利用這些訊息來構思一個全面的產品開發計畫。

這是職場中常見的商業合作案例，牽涉到智霖科技與和諧通訊兩造之間的需求、預算、時程等相關細節的規劃，自然也要考量市場機制的運作。

假設妳是智霖科技的產品經理楊懿慧小姐，計畫如何跟 ChatGPT 求援呢？我們試試用「INSIGHT」提問框架來進行。

以下是ChatGPT所生成的模擬對話，透過這個對話內容，我們可以從中觀察兩造雙方，在INSIGHT架構中的每個單項議題中，如何提問與回饋，循序推進，抽絲剝繭，找出完善方案。

案例：智霖科技與和諧通訊的CRM系統開發

1.Identify（識別問題）

在這個階段，旨在掌握和理解和諧通訊的具體需求，以及通訊行業CRM系統市場的現狀。楊懿慧透過與ChatGPT詳細對答來幫助自己釐清可能的問題點。

> 🧑 **楊懿慧** 「ChatGPT，我需要幫客戶開發一套CRM系統，但目前對和諧通訊的具體需求還不夠清楚。」

> ⑤ **ChatGPT** 「了解了，楊小姐。讓我們逐步來確定需求。首先，您知道和諧通訊目前使用的客戶管理系統有哪些嗎？該公司在現有系統中遇到了哪些問題？」

楊懿慧 「據我所知，他們目前的系統比較老舊，缺乏靈活的客戶數據分析功能，而且客戶的使用體驗不佳。」

ChatGPT 「這很重要。那麼他們在客戶數據管理方面有哪些具體的需求？例如：他們需要追蹤哪些數據？」

楊懿慧 「他們需要追蹤客戶的購買歷史、服務偏好、互動紀錄等，以便更好地了解客戶需求並提供個性化服務。」

ChatGPT 「這很好。您認為和諧通訊希望透過這個新系統達到什麼業務目標？」

楊懿慧 「他們希望透過提高客戶服務品質來提升客戶滿意度和忠誠度，最終希望能提升銷售業績。」

ChatGPT 「很清楚了。現在我們對和諧通訊的需求有了初步了解。接下來讓我們看看市場現況。您能描述一下目前通訊行業的 CRM 系統市場現況嗎？」

楊懿慧 「嗯，放眼目前市場上的 CRM 系統，大

多還在打價格戰，不然就是主打在功能性和效率上的提升，感覺缺乏針對通訊行業的特定需求進行客製化服務。」

⑤ **ChatGPT** 「哦！這也就意味著這個行業有客製化需求的市場空缺。如果可以深入了解這些細節，將幫助貴公司更好地定位產品開發的方向。」

　　這一階段的對話使她能全面了解客戶和市場的需求，爲接下來的開發計畫奠定基礎。

2.Navigate（導航思考）

　　延續前面的提問對話，楊懿慧進入第二階段的探索，在這個階段，楊懿慧把對話聚焦於深入探索 CRM 系統開發的關鍵考慮因素、技術挑戰，以及團隊在不同領域的能力。

⑤ **ChatGPT** 「現在我們對和諧通訊的需求有了一個大致的理解。接下來讓我們深入探討您對這個專案的看法。就您的角度來看，您認為要開發一個成功的 CRM 系統，最重要的考慮因素是什麼？」

👤 **楊懿慧** 「我認為最重要的是客戶的使用體驗，特別是操作介面的直觀性和系統的回應速度。我們還需

要考慮如何整合和諧通訊的現有數據。」

ChatGPT 「嗯，使用體驗確實至關重要。關於數據整合的部分，您目前有什麼具體計畫或想法嗎？」

楊懿慧 「我們可能需要與和諧通訊的 IT 部門密切合作，了解他們的數據結構和資料庫儲存系統，以確保無縫整合。」

ChatGPT 「這是個好主意。在技術方面，您認為有哪些挑戰或潛在的技術障礙？」

楊懿慧 「挑戰之一是如何處理大量數據的即時分析和報告。另外，系統的安全性和穩定性也非常關鍵。」

ChatGPT 「這些都是重要的考慮因素。在您目前的團隊中，有沒有足夠的專業知識來應對這些挑戰？」

楊懿慧 「我們的團隊擅長數據分析，這方面的能力很強！但是，相對來說可能需要進一步加強安全性

和系統穩定性方面的能力。」

🌀 **ChatGPT** 「明白了。那麼您認為在這個專案之中，哪些部分是您覺得最需要其他部門支援的領域？」

👤 **楊懿慧** 「我認為我們需要更深入地做好市場研究與調查，以及提升在系統安全性方面的專業知識。」

　　這一階段，讓楊懿慧釐清她對開發CRM系統的看法和規劃，以及對團隊能力和資源需求的評估。這有助於確定專案的方向和所需的各種支援。

3.Scrutinize（仔細審查）

　　接下來，楊懿慧和ChatGPT的對話開始調整方向，集中在對專案可能面臨的挑戰和假設進行深入的檢驗和討論。

🌀 **ChatGPT** 「現在讓我們深入探討並審查專案可能面臨的挑戰和假設。首先，關於和諧通訊的數據整合，您認為哪些方面可能是最具挑戰性的？」

👤 **楊懿慧** 「我們需要確保新系統能夠與和諧通訊現有的多個數據來源和應用程式相容。這可能涉及到複

雜的數據映射和轉換過程。」

🖼 **ChatGPT** 「嗯，這確實是一個重大挑戰。在使用體驗方面，您如何確保CRM系統既強大又易於使用？」

👤 **楊懿慧** 「我們打算進行用戶研究，了解終端用戶的具體需求和使用習慣，並在設計過程中密切參考這些資訊。」

🖼 **ChatGPT** 「進行用戶研究是個好主意。您是否已經考慮了和諧通訊的特定業務流程，以及如何讓CRM系統更好地適應這些流程？」

👤 **楊懿慧** 「我們計畫與和諧通訊的業務團隊進行幾次會議，以便更好地理解他們的日常操作和特殊需求。」

🖼 **ChatGPT** 「那麼在技術層面，您是否有任何假設或前提需要進一步檢驗？比如：關於系統性能或安全性的假設？」

👤 **楊懿慧** 「我們假設現有的基礎設施可以支援新系

統的數據負載，但這需要進一步的技術評估來驗證。
關於安全性，我們計畫聘請外部專家進行風險評估。」

⑤ ChatGPT 「聘請外部專家，的確是一個明智之
舉。關於專案的時間安排和資源配置，您是否有任何
擔憂或某些特殊的考量？」

🔲 楊懿慧 「我目前最大的擔憂，是關於專案的時程
安排。我們需要確保有足夠的時間進行全面的測試和
調整，特別是考慮到可能的技術挑戰。」

這一階段對專案可能面臨的挑戰和關鍵假設進行了深入的
審查，這將有助於楊懿慧更全面地規劃產品，並順利預測各
種潛在的問題。

4.Imagine（想像可能性）

接下來的對話，集中於想像CRM系統成功實施後可能帶
來的積極變化和商機。

⑤ ChatGPT 「楊小姐，讓我們從一個更廣闊的視
角來想像這個CRM系統的可能性。如果您能夠成功
地開發出這個系統，您認為它將如何改變和諧通訊與
其客戶的關係？」

🔲 **楊懿慧**　「一個成功的 CRM 系統將能夠幫助和諧通訊更深入地理解客戶的需求和行為，進而提供更加個性化的服務。這不僅能夠提升客戶滿意度，還有助於建立長期的客戶忠誠度。」

🔵 **ChatGPT**　「那麼在提高內部營運效率的方面，您認為這套 CRM 系統能帶來哪些改變？」

🔲 **楊懿慧**　「它將使和諧通訊能夠更有效地管理客戶訊息，並透過自動化某些流程來提高工作效率。比如：自動回應客戶查詢和提供客製化的銷售建議。」

🔵 **ChatGPT**　「面對高張力的市場競爭，這個 CRM 系統將如何幫助和諧通訊脫穎而出？」

🔲 **楊懿慧**　「透過提供先進的客戶數據分析和更優質的客戶服務，這個系統將使和諧通訊在市場上擁有更強的競爭優勢。」

🔵 **ChatGPT**　「就長遠來看，您認為這個系統將如何影響和諧通訊的業務發展和策略規劃？」

🔲 **楊懿慧**　「我認為這將有助於和諧通訊進行更精確

的市場定位和產品創新，因為他們將擁有更多關於客戶偏好和行為的洞察。」

這一階段主要是利用想像力來探索 CRM 系統可能帶來的正面影響和機會，以及對和諧通訊未來業務的潛在改變。

5.Generate（生成解決方案）

這階段對話重點，在於創建具體的 CRM 系統解決方案並規劃實施步驟。

> ⑤ **ChatGPT** 「基於我們目前的討論，讓我們開始構思具體的解決方案。您能描述一下您對這個 CRM 系統的初步設計想法嗎？」

> 🔲 **楊懿慧** 「我想設計一個用戶友好、高度可客製化的 CRM 系統。它將包括一個直觀的儀表板，用於顯示關鍵的客戶數據和趨勢分析。此外，系統應該能夠自動生成銷售預測和客戶服務建議。」

> ⑤ **ChatGPT** 「嗯，這聽起來很棒欸！那麼在數據整合和分析方面，您打算如何處理和諧通訊的現有數據？」

楊懿慧　「我們將開發一套數據整合工具，以便將和諧通訊的現有數據無縫導入到我們的系統中，同時系統將支援即時數據分析，以提供最新的客戶洞察。」

ChatGPT　「是的，這樣的數據整合和分析能力將非常有價值。在系統安全性和性能方面，您計畫採取哪些措施？」

楊懿慧　「我們將採用最新的安全技術來保護客戶的重要數據，並確保系統能夠處理大量的交易和數據請求，同時保持高性能和穩定性。」

ChatGPT　「了解了。那麼在用戶培訓和支援方面，您打算如何幫助和諧通訊的員工更好地適應新系統？」

楊懿慧　「我們將提供詳細的用戶手冊和線上培訓課程。此外，我們預備設置一個專門的客戶支援團隊，以解答任何操作上的問題。」

ChatGPT　「嗯，這些都是確保順利過度和有效使用新系統的重要步驟。在預算和時間安排方面，您如何規劃以確保專案的順利實施？」

> 🔲 **楊懿慧** 「嗯，這的確是一個好問題。我將與我們公司的財務團隊合作，制定一個詳細的預算計畫，同時我們會設定明確的里程碑和時間表，以確保這個專案可以按時進行。」

這一階段楊懿慧展示了對 CRM 系統開發的全面思考，從產品的雛形設計到執行的各個細節面。

6.Harvest（收穫成果）

接近收尾階段，探討方向聚焦於 CRM 系統實施後的業務成果、評估方法，以及長期影響。

> 🟢 **ChatGPT** 「好的，現在我們來關注這套 CRM 系統實施後的預期成果。您希望透過這個系統實現哪些具體的業務成果？」

> 🔲 **楊懿慧** 「我希望這個系統能幫助和諧通訊提升客戶滿意度，增加客戶忠誠度，並最終帶來更高的銷售業績。具體來說，我們將追蹤客戶滿意度調查的改善、客戶留存率的提高，以及銷售量的增長。」

> 🟢 **ChatGPT** 「沒錯，這些都是重要的指標。在評估這些成果方面，您打算使用哪些方法或工具？」

R 楊懿慧 「我們將使用系統內建的分析工具來追蹤關鍵性能指標，例如客戶互動頻率、銷售轉換率等。此外，我們還計畫定期進行客戶滿意度調查，以獲得直接的意見回饋。」

⑤ ChatGPT 「這樣的跟蹤和評估方法很有幫助。在長期來看，您認為這個系統將如何影響智霖科技和和諧通訊之間的合作關係？」

R 楊懿慧 「我相信這個系統將加強我們與和諧通訊的合作夥伴關係。成功地實施不僅能夠加強他們對我們公司技術能力的信任，還可能開啟更多合作機會。」

⑤ ChatGPT 「確實如此。最後您如何確保系統在實施後持續改進和適應不斷變化的業務需求？」

R 楊懿慧 「我們準備設立一個持續的意見回饋和迭代機制，定期收集用戶回饋並根據這些訊息對 CRM 系統進行更新和優化。」

專注於專案實施後的成果評估和長期影響，楊懿慧提出了一系列具體的績效指標和改進計畫。

7.Transform（轉化學習）

最終階段，楊懿慧從CRM系統開發專案中獲得的學習和成長，以及這些學習如何影響她未來的工作和職業發展。

⑤ **ChatGPT** 「在我們結束對話之前，我想探討一下您從這個產品開發的專案之中所學到的東西，以及這些學習如何影響您未來的工作和職業發展。首先，這個專案是否給您帶來了哪些新的洞見或技能？」

👤 **楊懿慧** 「嗯，我雖然已經做了好幾年產品開發的工作，但是這回投入產品開發的專案，讓我對CRM系統的複雜性有了更深入地理解，特別是在數據整合和客戶分析方面，必須兼顧更多的細節。在這個過程中，也讓我深刻地學到了如何更有效地與客戶溝通，以確保我們公司的解決方案能夠滿足他們的具體需求。」

⑤ **ChatGPT** 「的確，這些都是非常寶貴的經驗。從管理和協作的角度來看，您在這個專案中有什麼新的發現或需要改進的地方嗎？」

👤 **楊懿慧** 「是的。我學會了如何更有效地管理跨部

門的團隊，並協調不同部門之間的工作。透過這個專
案的進行，也讓我增廣見聞，大幅提升了產品與專案
管理的專業技能，特別是在風險評估和時間管理等方
面。」

🔘 **ChatGPT** 「是的。想必這對您未來的職業發展
會有很大的助益。對了，這次經驗對您未來處理類似
專案或挑戰有何啟發嗎？」

👤 **楊懿慧** 「這次的經驗讓我窺得產品開發的全貌，
我學到了在專案初期就進行全面的需求分析和市場研
究的重要性。這不僅有助於設計更符合市場和客戶需
求的產品，還能提前全盤掌控並應對可能的挑戰。」

🔘 **ChatGPT** 「非常好，最後，您認為這次經驗如
何影響您對技術創新和客戶關係管理的看法？」

👤 **楊懿慧** 「這次的產品開發經驗，讓我更加認識到
技術創新在提升客戶關係管理效率和有效性方面的重
要性。我也意識到了持續創新和適應市場變化的重要
性，以保持我們產品和服務的競爭力。」

在這個階段，透過對話幫助楊懿慧反思和提煉這次專案的

學習和成長，這對她未來的專業發展和專案管理極爲有益。

最後在ChatGPT的協助之下，楊懿慧順利帶領智霖科技的同仁們，完成了和諧通訊CRM系統的提案。

和諧通訊CRM系統開發提案

提案概要
- **專案名稱**　和諧通訊客戶關係管理系統（Harmony CRM）
- **開發公司**　智霖科技
- **提案人**　楊懿慧
- **目標**　爲和諧通訊開發一個高度客製化的CRM系統，以提升客戶服務品質、加強客戶忠誠度並提高銷售業績。

客戶需求分析
- **現有系統問題**　老舊的CRM系統、缺乏靈活的客戶數據分析功能、用戶的使用體驗不佳。
- **具體需求**　全面的客戶數據管理、改善客戶服務流程、提供客戶行爲分析。

產品特點

- **用戶友好的使用介面** 直觀、易操作的儀表板，展示關鍵客戶數據和趨勢分析。
- **數據整合工具** 無縫整合和諧通訊的現有數據源。
- **即時數據分析** 提供即時客戶洞察和銷售預測。
- **安全性和穩定性** 採用最新安全技術，確保高性能營運。

實施計畫

- **需求收集和市場研究** 與和諧通訊合作，深入了解該公司的具體需求和業務流程。
- **設計和開發** 根據需求分析設計系統架構，開發符合需求的功能。
- **測試和調整** 進行全面的系統測試，根據回饋進行必要的調整。
- **培訓和支援** 提供用戶培訓和客戶支援，確保順利過度。

成果評估

- **關鍵績效指標** 客戶滿意度、客戶留存率、銷售量。
- **定期評估** 利用系統內建分析工具追蹤並評估這些指標。

長期規劃

- **持續改進** 定期收集用戶的意見回饋，並根據市場變化和技術進步更新系統。

　　看完了這個模擬案例，不知道你有什麼感想或啟發嗎？這模擬案例當然有許多虛構與過於理想的成分，透過這個對話，只是想向大家示範蘇格拉底問法的奧義，以及「INSIGHT」提問框架的運作流程，實際上落實到我們個人的職場情境中，或許會歷經多個不同的問題對話，來完成每一個階段的情報蒐集，甚至時間跨度會是好幾天、好幾週，甚至更長時間，以及公司內其他真實人類團隊成員共同進行實務工作，來循序漸進解決每個步驟的問題，最終獲致最佳的結果。

　　但是無論是什麼樣的工作難題，運用 INSIGHT 框架，搭配 ChatGPT 這個虛擬隊友的協力，都可以突破個人與團隊思考的瓶頸，讓你如虎添翼，事半功倍也創造佳績。

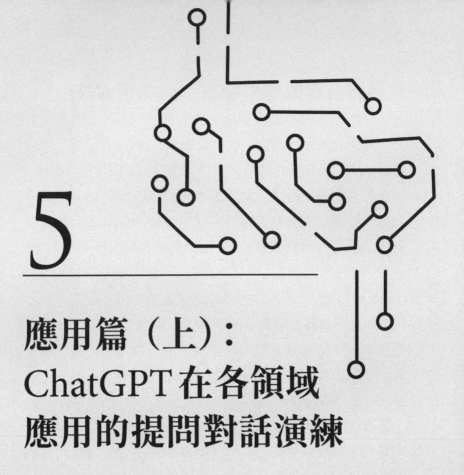

5

應用篇（上）：
ChatGPT在各領域
應用的提問對話演練

從各行各業的應用場景，熟練提問技能

1.數位廣告代理商的創意發想

2.跨國零售商的財務分析與數據洞察

3.律師事務所的法律合約起草

4.科技公司的軟體開發

5.醫療保健公司的分析平臺開發

6.教育科技公司的系統規劃與開發

7.健康顧問公司的平臺服務設計

8.遊戲公司的VR遊戲開發

9.科技新創公司的App設計

從各行各業的應用場景，熟練提問技能

在前面的章節，我除了為你介紹了 AI 的發展沿革，同時也講述了 ChatGPT 的特性以及可以如何有效跟它精準提問。

接下來我將運用第三章所提到的提示工程，以最基礎的「思維鏈」設計提問對話，逐步推進與 ChatGPT 實際互動，引導 ChatGPT 執行問題拆解、逐步解釋與舉例說明等任務。

從回答中也順便讓 ChatGPT 舉出大量的職場案例，而從 ChatGPT 的詳細講解與展示的案例對話當中，我想展示給各位的另一個觀察重點是，我們可以觀察 ChatGPT 如何為各種不同應用場景中的不同職場角色、生成理想的「提示詞」，以下的篇幅中，我們可蒐集到更多應對提示詞彙，做為平日運用時的參考。

此外，我也在對話過程中示範，要求 ChatGPT 以表格或其他型態統整資料，從這些生成案例的中，各位也看出 ChatGPT 目前已經可以做到的各種事項。

> 🧑 **Vista** 針對一般的上班族，請問你覺得有哪些工作，可以請 ChatGPT 協助或代勞嗎？請舉例說明。

Vista 的小提醒：第一個問題，通常可以從確認它是否能執行開始，了解其能力範圍。

⊚ **ChatGPT** 您好，Vista。ChatGPT 可以協助上班族處理多種不同的工作，特別是那些涉及到文本處理、資料分析、創意思考和學習支援的複雜任務。以下是一些具體的工作任務：

撰寫和編輯文本 ChatGPT 可以協助撰寫報告、建議書、電子郵件及其他商業文件。例如：對於一位行銷專員，ChatGPT 可以幫助撰寫市場行銷計畫或客戶通訊。

研究輔助和資料分析 它可以輔助進行初步的研究，如整理行業報告或市場數據，並根據這些訊息撰寫摘要。例如：對於財務分析師，ChatGPT 可以幫助解釋複雜的財務報告和指標。

程式代碼輔助和故障排除 對於從事技術工作的人員，如軟體開發人員，ChatGPT 可以提供編碼建議、算法設計及錯誤排除的輔助。

創意思考和構思 它能夠幫助生成創意點子，例如為廣告公司的文案人員提供創意廣告概念或標語。

語言學習和翻譯 ChatGPT 可以幫助學習新語言，提供翻譯或改寫服務，對於需要處理多國語言文件的工作人員來說，這一功能尤其有用。

培訓和教育 它可以做為一個學習工具，協助製作培訓素材或提供專業知識，尤其適用於需要持續學習和更新知識的行業。

這些只是 ChatGPT 應用的一小部分案例，隨著資訊技術的進步，它的應用範圍還會不斷地擴大。

> **🔲 Vista** 我想知道更多的細節，可以請你用說故事的方式來講解嗎？請你分飾兩角（每個案例的產業別不同），透過對話的方式講解一下？

Vista 的小提醒：**問題儘量明確簡潔，並引導它的思維，指示它如何完成任務。**

⑤ ChatGPT 當然可以。讓我透過創造性的故事講述方式，展示 ChatGPT 在不同行業中的應用。

故事一：行銷部門的救星

場景 某家科技公司的行銷部門

角色 行銷經理 Cecilia
虛擬助理 ChatGPT

對話

🔲 Cecilia 「ChatGPT，我們需要為新產品準備一

個吸引人的行銷計畫。我們的目標客戶是什麼樣的呢？」

🔘 **ChatGPT** 「嗨！Cecilia。根據市場趨勢分析，您的目標客戶可能是科技愛好者和早期採用者，主要關注產品的創新特性和實用性。」

🔼 **Cecilia** 「太好了，那麼對於這類客戶，我們的廣告標語應該怎樣設計呢？」

🔘 **ChatGPT** 「考慮到您的目標客戶，一個吸引人的標語可能是：『超越未來：體驗下一代科技』。既強調了產品的創新性，又具有前瞻性。」

🔼 **Cecilia** 「這聽起來不錯。能幫我擬定一份針對這類客戶的行銷策略大綱嗎？」

🔘 **ChatGPT** 「當然可以。讓我來幫您草擬一份包含社群媒體推廣、線上廣告和合作夥伴關係的行銷策略方案。」

故事二：財務數據的解碼者

場景 一家跨國金融公司的財務部門

角色 財務分析師 David

虛擬助理 ChatGPT

對話

🧑 **David** 「ChatGPT，我有一堆財務報表需要分析，但時間太緊迫了。你能幫我概述這份季度報告的主要財務指標嗎？」

⑨ **ChatGPT** 「當然，讓我看看。這份報告顯示，公司的淨收入較去年同期成長了15%，而營運成本則保持穩定。從數據面來解讀，暗示了有效的成本控制和收入成長。」

🧑 **David** 「嗯，這很有用。我還需要向董事會報告這些結果，你能幫我準備一份簡潔的報告草稿嗎？」

⑨ **ChatGPT** 「當然。我將會準備一份摘要，強調主要財務成果和關鍵業績指標，以便於董事會理解和評估。」

透過以上的故事，展示了 ChatGPT 在不同情境下如何成為一個有價值的工具，幫助專業人士節省時間並提高效率。

🧑 **Vista** 很好，謝謝你的解說。但是綜觀這兩個案例，我覺得還不夠具體，而且沒有清楚交代產品背景跟公司屬性。到底ChatGPT能夠可以幫上班族做哪

些事呢？請重來一次，麻煩你了！如果可以的話，請你每次只講解一個案例好嗎？

Vista 的小提醒：如果你在和 ChatGPT 互動的過程中，發現它誤解了你的意思，或是你對它的回饋並不滿意，別擔心！你可以隨時喊停，客氣地要求它重新來過。

1.數位廣告代理商的創意發想

🌀 **ChatGPT** 好的，我了解了！現在請讓我更詳細地為你講述一個具體的案例。

故事：數位廣告代理商的創意助手

背景 某家專注於數位媒體的廣告代理商，致力於為科技和消費電子品牌提供創意廣告解決方案。他們的客戶包括從新創公司到大型跨國企業的各種科技公司。

角色 創意總監 Alice
虛擬助理 ChatGPT

場景 Alice 正在為一家新推出的智慧手錶品牌策劃廣告活動。

對話

🔲 **Alice** 「ChatGPT，我們公司的客戶是一家新興的智慧手錶品牌，該公司希望我們為他們的最新產品打造一場吸引年輕消費者的線上廣告活動。請問一下，我們應該怎麼開始？」

◎ **ChatGPT** 「首先，建議您需要確定目標受眾的輪廓與特徵。舉例來說，年輕消費者通常對時尚、技術和社群媒體趨勢非常敏感，因此我建議您可以考慮創建一些結合相關元素的視覺和文案。」

🔲 **Alice** 「嗯，這個想法聽起來滿不錯的。那麼對於這樣的目標受眾，我們公司的廣告標語應該設定什麼風格的呢？」

◎ **ChatGPT** 「一個適合的廣告標語可能是：『不僅是時間的展示，更是你生活方式的宣言。』這能夠凸顯智慧手錶做為時尚配飾的同時，也強調其實用性。」

🔲 **Alice** 「哇！這是很棒的建議！我們的確需要一些創意的社群媒體廣告想法。」

◎ **ChatGPT** 「我們可以創造一系列以『一天中的不同時刻』為主題的短影音。每個影片展示不同的場景，例如：早晨的跑步、下午的會議、晚上的社交活

動，並在每個場景中突出智慧手錶的多元功能。」

Alice 「嗯！這些都是很棒的想法。但我還是沒有頭緒欸！可以請你幫我撰寫一個初步的活動提案嗎？」

ChatGPT 「當然可以呀。我將會整合這些想法，為您準備一份包括視覺概念、標語和社群媒體策略的活動提案。」

這個故事展示了 ChatGPT 如何幫助創意專業人士（如廣告創意總監）在面對具體的市場挑戰時，迅速生成創意構想和實用策略。

Vista 剛剛這個案例很棒！對了，可以請你順便幫 Alice 構思活動提案的內容嗎？謝謝。

Vista 的小提醒：觀察回答品質，除了前一輪所示範的內容，在不滿意時，請它重做之外，另一個常用的做法就是從中挑選所需，請它擴展下一輪創意發想。

ChatGPT 當然沒問題，以下是針對這款智慧手錶品牌的線上廣告活動提案的概要：

活動提案：智慧手錶品牌的線上廣告活動

1. 活動目標

· 吸引年輕消費者群體

· 強調智慧手錶做為時尚配飾的同時，突出其多功能性

2. 目標受眾

· 年齡介於 18 至 35 歲的年輕專業人士

· 對時尚、技術和社群媒體趨勢有高度關注

3. 廣告標語

· 不僅是時間的展示，更是你生活方式的宣言。

4. 社群媒體策略

主題 一天中的不同時刻

內容 創建一系列的短影音，展示智慧手錶在不同日常活動中的應用，例如：

　　· 早晨跑步時的健康追蹤功能

　　· 上午工作時的日程提醒

　　· 晚上社交活動時的時尚搭配

5. 視覺和設計

· 使用鮮明、年輕化的色彩和現代設計

· 在影片中展示多樣化的使用場景和人群

6. 合作夥伴關係

· 與時尚部落客以及具有影響力的人物合作，透過他們的社群媒體頻道推廣產品

7. 成效評估

· 跟蹤廣告點擊率、社群媒體互動數據和銷售轉化率
· 定期調整策略以最大化ROI（投資報酬率）

這份提案旨在透過創意的社群媒體活動和精準的市場定位來加強品牌形象，同時推動產品銷售。

Vista的觀察：針對這個模擬案例，以下是我對整體推進流程的觀察與問答品質的評析。

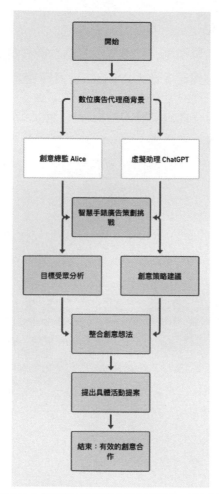

圖 5-1 智慧手錶廣告活動提問策略流程

表5-1 智慧手錶廣告活動的對話分析

對話環節	分析與點評	行動方針建議
Alice 的初始提問	Alice 明確定義其目標和範圍，這有助於 ChatGPT 提供針對性的建議。	在提問時，明確指出目標受眾和市場挑戰，以獲得更具針對性的回答。
ChatGPT 的回答	ChatGPT 有效地掌握目標受眾的特徵，並基於此提供可行的創意建議。	利用 ChatGPT 來生成初步的創意概念和策略，但需結合市場數據和專業知識進行深入分析。
Alice 的追問	Alice 對 ChatGPT 的建議表現出興趣，並進一步尋求具體指導。	對於 ChatGPT 提供的建議，進行深入探討和追問，以獲得更詳細和實用的資訊。
ChatGPT 的能力與限制	ChatGPT 展現在創意構思方面的能力，但它畢竟不是人，還是缺乏基於實際市場數據的深入分析。	在使用 ChatGPT 進行創意發想時，結合專家的見解和市場數據進行驗證和補充。
Vista的小提醒	ChatGPT 在創意行業的應用，充分展現了其快速生成初步想法的潛力，但需要專家從旁協助。	在創意工作中，可將 ChatGPT 做爲初步想法生成的工具，並與專業知識和市場洞察相互結合。

2. 跨國零售商的財務分析與數據洞察

> 🔲 **Vista** 很好，現在請你繼續介紹下一個案例，講解一下 ChatGPT 可以如何幫助職場人士？

🔳 **ChatGPT** 好的，沒問題！

故事：財務分析的數據洞察

背景 某家大型跨國零售企業的財務部門。這家公司在全球有多個分支機構，涉及的業務範圍包括電子商務、實體店面銷售及供應鏈管理。

角色 財務分析師 Leo
虛擬助理 ChatGPT

場景 Leo 正在準備一份本季的財務報告，預備向公司高階主管彙報最新的財務成果和業績指標。

對話

🔲 **Leo** 「ChatGPT，我需要分析我們這一季的銷售數據。特別是我想知道和去年同期相比，我們的線上銷售和實體店面銷售有什麼變化？」

🔳 **ChatGPT** 「根據您所提供的數據，貴公司的線上銷售同比成長了 20%，而實體店面的銷售則略有下降，大約減少了 5%。這可能反映了消費者購物習慣

的變化和電子商務的成長趨勢。」

Leo 「嗯，這個洞察很有幫助。你能夠幫我準備一份關於相關趨勢的分析報告嗎？我需要在下週的董事會會議上報告。」

ChatGPT 「當然可以。我會準備一份報告，其中包括銷售趨勢的詳細分析、原因探討以及對未來業務策略的建議。」

Leo 「對了，在這份報告中，我還需要一些有關成本管理的洞察。」

ChatGPT 「了解。我將會分析成本數據，尤其是物流和儲存成本，並在報告中提供相關的見解和優化建議。」

Leo 「最後，我還需要一些關於未來財務預測的建議。」

ChatGPT 「當然。我將會根據當前的市場趨勢和公司的財務狀況來提供下一財政季度的收入和支出預測。」

這個案例展示了 ChatGPT 如何幫助財務專業人員快速分析複雜的財務數據，提供洞察和策略建議，進而

協助他們在重要會議上做出有根據的報告和決策。

> **🔒 Vista** 很好！對了，可以請你順便為 Leo 草擬一份趨勢報告，並且提供財務建議嗎？

⑤ ChatGPT 好呀，以下是針對零售企業的財務趨勢報告及建議的摘要：

財務趨勢報告與建議

公司名稱　全球零售企業

一、銷售趨勢分析

線上銷售成長　同比成長20%。

主要驅動因素　增加的線上消費者基數、改進的用戶購物體驗、擴展的產品範疇。

地區表現　亞洲市場的成長最為顯著，尤其是中國和印度市場。

實體店面銷售下降　同比下降5%。

主要原因　消費者購物習慣轉變、部分區域的零售空間過剩。

特別注意　某些高流量區域的店面仍保持穩定成長。

二、成本管理分析

物流成本　隨著線上銷售的增加，物流成本同比成長

　　　　　　　10%。

建議　優化供應鏈管理，探索成本效益更高的物流合
　　　　作夥伴。

儲存成本　實體店面的儲存成本略有下降。

建議　重新評估實體店面的庫存策略，降低過剩庫
　　　　存，提高庫存周轉率。

三、未來財務預測與策略建議

收入預測

· 預計線上銷售將持續成長，但增速可能會略有放緩
　的趨勢。

· 實體店面銷售預計將保持目前水平，部分高效店面
　可考慮擴張。

成本控制

· 加強對物流和庫存管理的投資，以降低長期成本。

· 考慮關閉表現不佳的實體店面，將資源集中於高效
　營運的店面和線上業務。

長期策略

· 加大對科技和數位轉型的投資，提升線上購物體驗
　和營運效率。

· 探索新興市場，尤其是亞洲地區的擴張機會。

這份報告旨在提供對公司當前財務狀況的深入分析，並基於此提出具體的策略建議，以協助企業更好地應對市場變化，並制定有效的未來發展計畫。

🔲 **Vista**　可以請你用表格幫忙整理一下嗎？

Vista的小提醒：如果你發現ChatGPT所提供的資料太複雜或不容易理解，可以請求它用 markdown 表格的方式整理。

⑤ **ChatGPT**　好的。這是根據先前描述的財務趨勢報告和策略建議整理的表格：

項目	分析摘要	策略建議
線上銷售成長	同比成長20%，主要由於增加的線上消費者基數、改進的用戶購物體驗。	探索新市場，尤其是亞洲地區，並持續改善線上購物體驗。
實體店面銷售下降	同比下降5%，主要因消費者購物習慣轉變、部分區域零售空間過剩。	重新評估部分實體店面，考慮關閉表現不佳的店面。
物流成本	隨著線上銷售增加，物流成本同比成長10%。	優化供應鏈管理，探索更高效的物流合作夥伴。
儲存成本	實體店面的儲存成本略有下降。	重新評估實體店面的庫存策略，提高庫存周轉率。

項目	分析摘要	策略建議
收入預測	預計線上銷售將持續成長，實體店面銷售預計將保持目前水平。	關注市場趨勢和消費者行為，靈活調整銷售策略。
成本控制	加強對物流和庫存管理的投資，降低長期成本。	考慮關閉表現不佳的實體店面，將資源集中於高效營運的店面和線上業務。
長期策略	加大對科技和數位轉型的投資，提升線上購物體驗和營運效率。	探索新興市場的擴張機會，尤其是亞洲地區。

這份表格提供了清晰的視覺化呈現，有助於理解公司當前的財務狀況，並根據分析結果制定策略。

Vista 的觀察：針對這個模擬案例，以下是我對整體推進流程的觀察與問答品質的評析。

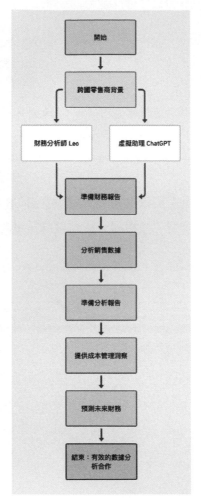

圖 5-2 財務數據分析的提問策略流程

表5-2 財務數據分析的對話分析

對話環節	分析與點評	行動方針建議
Leo 的初始提問	Leo明確提出分析的需求，這有助於 ChatGPT 提供針對性的分析和建議。	在提問時，清晰地定義分析需求和目標，以獲得更有效的回答。
ChatGPT 的回答	ChatGPT 提供基於數據的洞察，這有助於 Leo 理解市場和業務趨勢。	利用 ChatGPT 進行初步數據分析，但需結合實際數據和專業知識進行深入分析。
Leo 的進一步請求	Leo要求更詳細的報告，這表明他對ChatGPT的分析結果初步感到滿意。	對於 ChatGPT 提供的分析，進行深入探討和追問，以獲得更全面的報告。
ChatGPT 的能力與限制	ChatGPT展現在財務分析方面的潛力，但缺乏對實際市場環境的深入理解。	在使用 ChatGPT 進行財務分析時，結合市場環境和專業知識進行驗證和補充。
Vista 的小提醒	ChatGPT在財務分析的應用，充分展現了其快速提供洞察和建議的能力，但仍需要財會領域的專家協助，進一步核實資訊與持續追蹤、跟進。	面對複雜的財務工作，可將ChatGPT 做爲初步分析和建議的工具，但還需要財會專家從旁協助。

3. 律師事務所的法律合約起草

> 🧑 **Vista**　好棒！請你繼續講解下一個案例。

🔷 **ChatGPT**

故事　律師事務所的研究小幫手

背景　某家專門處理國際商業法律事務的律師事務所。這家事務所為各種企業提供法律諮詢，他們的業務包括：合約草擬、知識產權保護和國際交易法律問題。

角色　高級合夥人 Jennifer
　　　　虛擬助理 ChatGPT

場景　Jennifer 正在為某一家跨國企業客戶，準備一個重要的知識產權案件的辯護策略。

對話

🧑 **Jennifer**　「ChatGPT，我需要你幫忙找一些最近有關知識產權侵權案件的法律判例，特別是那些涉及國際商業的案例。」

🔷 **ChatGPT**　「當然。我將搜尋最近的相關法律判例和文章，特別關注那些涉及跨國企業的知識產權爭議。」

Jennifer　「此外，我還需要了解這些案例的判決趨勢和主要法律論點。」

ChatGPT　「好的，沒問題。我將提供有關判決趨勢的總結，並分析常見的法律論點和策略。」

Jennifer　「對了，我還需要準備一份摘要，用於向客戶展示我們的案件策略和可能的法律後果。」

ChatGPT　「好唷！我將基於您目前的研究，撰寫一份關於案件策略和潛在後果的摘要，這將幫助您向客戶清晰地溝通貴公司的法律立場和預期目標。」

Jennifer　「最後，請幫我準備一份詳細的辯護論點草稿，用於即將到來的訴訟。」

ChatGPT　「當然。我將根據現有的判例、法律理論和案件特點，來為您準備一份全面的辯護論點。」

這個案例展示了 ChatGPT 如何幫助法律專業人士進行深入的法律研究，整理案件資料，並準備起草法律文件，進而提升工作效率和案件準備的品質。

Vista　可以請你模擬本案例之中客戶的真實需求，提供前面所提及的各種文件嗎？

Vista的小提醒：針對比較複雜的商業應用，你可以請求ChatGPT提供相關的參考案例，或是請它幫忙草擬文案大綱。另請注意，本章所提供的相關案例與數據主要基於教學目的而杜撰的，沒有影射任何產業或公司之意圖。

　　🔘 **ChatGPT**　當然可以，我來針對律師事務所的這個案例進行模擬，準備各類文件的摘要：

1. 法律判例研究摘要
主題　國際商業知識產權侵權案件
內容

・概述近期重要案例和判決。

・分析法院對知識產權侵權的立場和趨勢。

・強調影響判決的關鍵法律因素。

2. 判決趨勢和法律論點分析
主題　知識產權案件的判決趨勢
內容

・說明近年來國際商業知識產權案件的判決趨勢。

・詳細介紹常見的法律論點，包括侵權證據、權利範圍和損害賠償。

3. 案件策略摘要
主題　客戶案件策略和可能的法律後果

內容

· 草擬案件策略，包括防禦策略和潛在的進攻角度。

· 討論可能的法律後果和勝訴機率。

· 提供對客戶具體建議和法律意見。

4. 辯護論點草稿

主題　知識產權侵權訴訟的辯護論點

內容

· 基於法律先例和案例細節，制定具體的辯護策略。

· 準備辯護論點，包括反駁對方的主要論點。

· 強調客戶的立場和權利，以及法律上的合理性。

這些文件摘要旨在模擬實際工作場景中，法律專業人士如何利用 ChatGPT 來協助進行案件準備，提供必要的法律分析和策略規劃。

> **🔲 Vista**　謝謝你，但我覺得還是不大容易理解內容。可以請你進一步模擬職場上的真實場景與需求，提供各種相關的文件嗎？

　　Vista的小提醒：如果對於ChatGPT的回覆不滿意的話，都可以直接請它重做或者指示它用其他方式發揮，重來幾次它都不會生氣，這是跟AI共事相較於真實團隊最大的不同，

我們不需顧慮與處理情緒，AI可以重做無數次都不會生氣，而且都做得很快速！

🅖 **ChatGPT** 好的。為了更逼真地模擬上述律師事務所案例的文件需求，我會創建一系列摘要和草稿。請注意，以下的內容都是虛構的，旨在演示文本的形式和結構。

法律判例研究摘要

主題 國際商業知識產權侵權案件

內容摘要

· 最近國際上有一個重要案例是 TechGlobal 公司對 InnoWave 公司的訴訟，其中 TechGlobal 公司指控 InnoWave 公司在無線通訊技術上侵犯其專利權。

· 在該案件中，法院重點考慮了專利的有效性和侵權的具體範疇。

· 法院最終採納了 TechGlobal 公司的主張，強調了國際商業中專利權的重要性和保護範圍。

判決趨勢和法律論點分析

主題 知識產權案件的判決趨勢

分析內容

· 近年來，國際商業知識產權案件中，法院普遍傾向

於保護創新和專利權。

· 常見的法律論點包括專利的有效性、侵權行為的界定，以及合理使用原則的適用。

· 案件判決通常基於專利文件的具體描述和技術專家的證詞。

案件策略摘要

主題 客戶案件策略和可能法律後果

摘要內容

· 鑒於目前的法律環境，建議客戶強化專利文件的詳細性和專業性，以強化其立場。

· 在法庭上突出客戶技術創新的獨特性和市場重要性。

· 考慮到潛在的高額賠償金，建議探索和解的可能性，以降低風險。

辯護論點草稿

主題 知識產權侵權訴訟的辯護論點

草稿內容

· 強調客戶技術的獨立開發和與現有專利的區別。

· 提供技術專家的證詞，證明客戶技術與爭議專利在關鍵方面的不同。

· 反駁對方的侵權指控，強調合理使用原則和專利權的限制。

這些文件旨在提供案件準備過程中所需的訊息概覽和策略規劃，幫助法律專業人士更有效地組織和表達他們的法律論點。

> **Ⓡ Vista** 謝謝！我希望你可以提供一些數據跟模擬真實的法律案例，讓這份文件更具有參考價值。

Ⓖ ChatGPT 好的。我理解您的需求了！以下是模擬真實法律案例的文件，包含虛構的數據和案例判決內容，以更貼近實際的法律文件形式。

法律判例研究摘要

案例名稱 GlobalTech 公司對 Innovate Inc.

案件概述

案件編號 GT-2011-IN

判決日期 2022 年 9 月 15 日

管轄法院 美國加州北區聯邦地方法院

案件簡介 GlobalTech 指控 Innovate Inc. 在其智慧型手機技術上侵犯了三項專利權。

關鍵判決內容

專利有效性 法院認定 GlobalTech 的專利在技術上創新且有效。

侵權行為界定 判斷 Innovate Inc. 的產品直接侵犯了 GlobalTech 公司的兩項專利。

損害賠償 Innovate Inc. 被判賠償 GlobalTech 公司 1.2 億美元。

判決趨勢和法律論點分析

主題 國際商業知識產權侵權案件的判決趨勢

分析摘要

判決趨勢 近五年內，美國聯邦法院在國際商業知識產權案件中，約70%支持原告的專利權利主張。

常見法律論點

· 專利的具體性和明確性

· 侵權產品與專利聲明的對應性

· 損害賠償的計算方式

案件策略摘要

案件名稱 ClientCorp 公司對 CompetitorCo 公司提出訴訟

策略摘要

案件特點 ClientCorp 公司指控 CompetitorCo 公司在無線網絡技術上侵犯其專利。

策略規劃

- 強調 ClientCorp 公司的專利的創新性和技術先進性。
- 透過專家證詞和技術分析，展示 CompetitorCo 產品的侵權行為。
- 爭取高額的損害賠償，以及未來銷售的禁令。

辯護論點草稿

案件名稱　ClientCorp 公司對 CompetitorCo 公司提出訴訟

辯護論點草稿

專利無效論點　質疑 ClientCorp 公司專利的創新性，提出先前技術的證據。

非侵權證據　透過技術對比，證明 CompetitorCo 產品與 ClientCorp 專利在關鍵方面的不同。

損害賠償爭議　挑戰 ClientCorp 公司提出的損害賠償金額，主張以合理的市場價值為基準。

這些文件是根據虛構的數據和案例創建的，旨在提供一個接近真實工作環境的法律文件示例。

> ⚑ **Vista**　接下來可否幫我補上一些法規跟國外判例，讓它讀起來更有力道？

ChatGPT 當然。我會在之前的模擬案例中加入虛擬的法規和國際判例，以增加文件的逼真度。

法律判例研究摘要

案例名稱　GlobalTech 公司對 Innovate Inc. 提出訴訟

參考法規　美國《專利法》第 35 節，尤其是第 101 條（專利資格）和第 102 條（新穎性）。

國際判例參考　在類似案件 TechFrontier 公司對 DigitalWave 公司的訴訟之中，歐洲聯盟普通法院依據《歐洲專利公約》對專利侵權和有效性進行了類似的判斷。

案件概述

- 案件涉及美國專利號 US7894561 和 US7981120。
- 判斷 Innovate Inc. 的產品侵犯了 GlobalTech 公司的這兩項專利。

判決趨勢和法律論點分析

主題　國際商業知識產權侵權案件的判決趨勢

國際法規參考　《三邊專利協議》(Trilateral Patent Agreement) 中關於專利侵權的標準。

分析摘要：

- 根據《世界智慧財產權組織》的數據，近五年內國

際專利爭議案件中，大約有 65% 的案件支持原告的專利主張。

案件策略摘要

案件名稱　ClientCorp 對 CompetitorCo

參考法規　《伯恩公約》（Convention de Berne pour la protection des œuvres littéraires et artistiques，又稱 Berne Convention）對於國際版權保護的規定。

策略摘要

- 提出 ClientCorp 專利在技術創新和應用方面的重要性，引用《專利合作條約》（Patent Cooperation Treaty，PCT）相關條款。

辯護論點草稿

案件名稱　ClientCorp 對 CompetitorCo

參考法規　《巴黎公約》（Paris Convention for the Protection of Industrial Property）中關於專利保護和專利權國際認可的條款。

辯護論點草稿

- 強調 CompetitorCo 產品的獨立發展，並根據《巴黎公約》對專利的國際認可標準進行辯護。
- 對比 ClientCorp 專利與 CompetitorCo 產品的關

鍵技術差異。

這些加入的法規和國際判例資訊旨在提高模擬案件文件的真實性和專業性，使其更加符合實際法律工作的需求。

Vista 的觀察：針對這個模擬案例，以下是我對整體推進
流程的觀察與問答品質的評析。

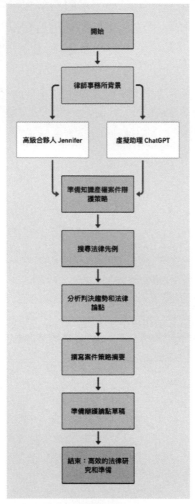

圖 5-3 合約起草對話策略流程

表 5-3 合約起草的對話分析

對話環節	分析與點評	行動方針建議
Jennifer 的初始提問	Jennifer 明確指出她的需求，這有助於 ChatGPT 提供針對性的法律資料和建議。	在提問時，清晰地定義需求和目標，以獲得更有效的回答。
ChatGPT 的回答	ChatGPT 提供尋找法律判例和分析判決趨勢的承諾，這有助於 Jennifer 獲得案件準備所需的資訊。	利用 ChatGPT 進行初步的法律研究，但需結合實際法律資料庫和專業知識進行深入分析。
Jennifer 的進一步請求	Jennifer 的進一步請求，充分表達出她對 ChatGPT 的信任，並期望獲得更全面的法律支持。	對於 ChatGPT 提供的法律建議，進行深入探討和追問，以獲得更全面的支持。
ChatGPT 的能力與限制	ChatGPT 能夠快速摘要、整理資訊，具體展現在法律研究方面的潛力，但缺乏對實際法律案件和法院判決的深入理解。	在使用 ChatGPT 進行法律研究時，結合實際法律資料庫和專業知識進行驗證和補充。
Vista 的小提醒	ChatGPT 在法律合約起草和準備相關案件的能力，的確讓人驚豔，也展現出快速提供資訊和建議的能力。但仍需要法律專家從旁協助，以及進一步確認是否符合法規的規範。	面對複雜的法律工作，可將 ChatGPT 做為初步研究和建議的工具，但仍需要借重法界專業人士的協助。

以下讓我們再繼續多看幾個模擬對話，邀請你試試看，像我一樣**觀察故事人物運用了怎樣的提問策略與流程，去獲取回饋，而 ChatGPT 又是如何回應，觀察它可以做到的思維深度以及回答品質！**

再次提醒，我們在跟這位「同事」一起工作時，永遠仍然要對它的工作表現保持警醒，對它的回答保持懷疑，不要過度依賴，**不要把你的思考力 100% 全盤外包給它。**

4. 科技公司的軟體開發

> 🔲 **Vista** 請你繼續講解下一個案例。

🔘 **ChatGPT**

故事 人力資源管理軟體的開發

背景 一家專注於企業軟體解決方案的科技公司，正在開發一款針對中大型企業的人力資源管理（HRM）軟體。這款軟體旨在簡化人員招聘、員工管理、績效評估和薪酬計算等過程。

角色 產品經理 Sarah
虛擬助理 ChatGPT

場景 Sarah 正在規劃軟體的功能，希望可以提升用戶的使用體驗。

對話

👤 **Sarah** 「ChatGPT，我們的HRM軟體需要哪些核心功能來滿足中大型企業的需求？」

🌀 **ChatGPT** 「對於中大型企業，HRM軟體應該包括員工資料管理、招聘和入職流程管理、績效評估系統，以及薪酬和福利管理功能。」

👤 **Sarah** 「我們應該如何設計這些功能以提升用戶的使用體驗？」

🌀 **ChatGPT** 「重點應該放在使用簡便性和自動化上。例如：融入智慧招聘助手以簡化篩選流程，並使用直觀的儀表板來展示員工績效數據。」

👤 **Sarah** 「那麼關於數據安全和隱私保護的問題，我們應該怎麼處理？」

🌀 **ChatGPT** 「這方面非常重要。應該確保軟體遵循相關的數據保護法規，例如：一般資料保護規則（GDPR），並實施強大的加密和訪問控制措施。」

👤 **Sarah** 「我還需要一份市場分析報告，讓數據說話。」

ChatGPT 「我將會提供一份涵蓋市場趨勢、目標客戶分析和競爭環境的詳細報告。」

這個案例展示了 ChatGPT 如何幫助產品經理在開發複雜的企業級軟體時提供策略建議、功能規劃和市場分析。

Vista 好的。可以請你參照這個案例，順便給出前面提及的詳細報告好嗎？

ChatGPT 當然，以下是我為這個案例模擬的市場分析報告，針對中大型企業的人力資源管理軟體開發：

人力資源管理軟體市場分析報告

一、市場趨勢

成長動力 數位化轉型驅動企業尋求更高效、自動化的人力資源解決方案。

技術創新 人工智慧和機器學習技術在招聘、績效評估和員工培訓中的應用日益普及。

遠程工作趨勢 由於遠程和混合工作模式的興起，對於能夠支援遠程員工管理的 HRM 軟體需求增加。

二、目標客戶分析

客戶特點 中大型企業。特別是那些擁有複雜人力資源流程和分散團隊的公司。

需求分析 這些企業尋求自動化解決方案以優化招聘流程、提升員工績效管理效率並減少人力資源部門的行政工作負擔。

痛點識別 現有解決方案中的使用複雜性和數據整合問題。

三、競爭環境

主要競爭者 市場上已有多個成熟的競爭者，如SAP SuccessFactors、Workday、Oracle HCM等。

競爭優勢 這些競爭者都提供了全面的解決方案，但是從用戶的使用介面和客製化等方面來看，依舊存在了一些局限。

機會識別 透過提供更直觀的使用介面和更靈活的客製化選項來進行市場區隔。

四、產品建議

核心功能 強化員工資料管理、招聘和入職流程、績效評估和薪酬管理。

創新特色 整合AI招聘助手，提供預測性分析和員工發展建議。

安全和隱私 確保符合GDPR等法規，實施端到端加

密（End-to-end encryption）和嚴格的數據訪問控制。

此報告旨在為產品經理提供市場趨勢、目標客戶需求和競爭環境的深入了解，以指導 HRM 軟體的開發和定位策略。

5. 醫療保健公司的分析平臺開發

> 🔒 **Vista**　好的，請你繼續講解下一個案例。

⑤ **ChatGPT**

故事　醫療保健行業的數據分析平臺

背景　某家醫療保健技術公司正在開發一個數據分析平臺，旨在幫助醫院和診所更有效地分析患者數據，改善病患護理和營運效率。

角色　產品開發經理 Alex
　　　　虛擬助理 ChatGPT

場景　Alex 正在設計數據分析平臺的功能和介面。

對話

🔒 **Alex**　「ChatGPT，我們的數據分析平臺，需要哪些關鍵功能來滿足醫療保健行業的需求？」

ChatGPT 「為了滿足醫療保健行業的需求，這個平臺應該包括患者數據管理、疾病模式識別、治療成效分析和資源分配優化等功能。」

Alex 「我們怎樣確保這些功能既直觀又符合醫療專業人員的需求？」

ChatGPT 「應該透過與醫療專業人員的密切合作來設計使用介面，確保功能直觀易用，並且提供客製化的報告和分析工具。」

Alex 「在處理敏感的患者數據時，我們應該考慮哪些隱私和安全問題？」

ChatGPT 「非常重要的是要遵循 HIPAA 等相關法規，實施嚴格的數據加密和訪問控制，並確保所有數據的安全儲存和傳輸。」

Alex 「另外，我需要一份市場研究報告，分析我們的平臺在當前市場中的潛在位置。」

ChatGPT 「我會提供一份包括市場趨勢、目標用戶群體分析和競爭環境評估的詳細報告。」

這個案例展示了 ChatGPT 如何協助產品開發經理在開發針對特定行業（如醫療保健）的複雜數據分析平

臺時，提供功能設計建議、法令遵循指導和市場分析。

> **🄰 Vista**　太棒了！可以請你提供一份擬真的市場研究報告嗎？

🄖 **ChatGPT**　當然可以啦！以下是一份模擬的市場研究報告，針對醫療保健行業的數據分析平臺：

醫療保健行業數據分析平臺市場研究報告

一、市場概況

全球趨勢　隨著數位化轉型的加速，全球醫療保健行業對數據分析的需求日益成長。

成長驅動　驅動因素包括提高病患的護理品質、降低營運成本、提升疾病預防和管理能力。

二、市場需求分析

目標客戶　主要包括中、大型醫院和診所，尤其是那些追求提升營運績效和患者護理品質的機構。

需求特點　強調用戶友好的使用介面、高度的客製化能力和嚴格的數據安全措施。

三、競爭環境

主要競爭者　市場上已有多個成熟的競爭者，如 Epic Systems、Cerner Corporation 以及 IBM Watson

Health。

競爭優勢分析 這些競爭者提供了全面的解決方案，但在用戶客製化和特定功能等層面存在機會。

四、策略建議

差異化策略 開發針對特定病患群體的客製化分析工具，例如：慢性病管理或流行病學研究。

安全和法令遵循 確保本平臺符合 HIPAA 等法規，實施先進的數據加密和隱私保護措施。

五、市場機會估算

市場規模 預計全球醫療保健數據分析市場在未來五年內將以年均 15% 的速度成長。

潛在收入 專注於中、大型醫療機構，預估在這一個細分市場中可實現年收入成長20%。

此份報告提供了醫療保健行業數據分析平臺市場的全面分析，包括市場概況、需求分析、競爭環境和策略建議，有助於產品開發經理在開發和定位新產品時做出明智的決策。

> 🔲 **Vista** 很棒喔！我可以請你幫忙設計一份市場研究報告的模板嗎？

Vista 的小提醒：這是個很好用的功能，針對會重複使用的職場文件或工具，都可以請 ChatGPT 做出模板或通用腳本，它的優點是可以快速生成，節省我們自己絞盡腦汁製作基本格式的時間，我們的時間心力可以用在基本模板生成之後的審視，並根據實際需求進行調整與增強。

　　🅂 **ChatGPT**　好呀，當然沒問題。以下是一份市場研究報告的模板，可以應用於各類行業和產品：

市場研究報告模板 ●

報告標題
報告名稱
撰寫日期
撰寫人員 / 團隊
目錄
市場概述
市場需求分析
目標客戶分析
競爭環境
產品 / 服務分析
策略建議
市場機會和風險評估
結論和行動方針
附錄

1. 市場概述
- 行業背景：行業的歷史、現狀和未來趨勢。
- 關鍵趨勢：目前影響行業的主要趨勢和變化。

2. 市場需求分析
- 需求驅動因素：市場需求成長的主要驅動力量。
- 需求變化：近年來市場需求的變化情況。

3. 目標客戶分析
- 客戶特點：目標客戶群的特點和行為模式。

- 需求分析：目標客戶的具體需求和偏好。

4. 競爭環境
   - 主要競爭者：市場上的主要競爭對手和他們的產品／服務。
   - 市場占有率：不同競爭者的市場占有率和市場地位。

5. 產品／服務分析
   - 產品特點：產品／服務的主要特點和優勢。
   - 差異化因素：與競爭對手相比的差異化要素。

6. 策略建議
   - 市場進入策略：建議的市場進入方式和時間點。

- 價格策略：產品／服務的價格定位和策略。

7. 市場機會和風險評估
   - 機會識別：市場中存在的機會和潛在成長區域。
   - 風險分析：可能面臨的市場風險和挑戰。

8. 結論和行動方針
   - 重要結論：研究的主要發現。
   - 建議行動方針：基於研究結果的建議行動。

9. 附錄
   - 數據來源：報告中使用的數據和參考文獻。
   - 額外資料：相關圖表、訪談紀錄等。

這個模板提供了市場研究報告的基本架構和主要部分，可以根據具體的行業和研究目的進行調整和擴充。

> 👤 **Vista**　為了更容易理解整體脈絡，可以請你根據這份模板，填入一些模擬的假數據跟資料來說明嗎？

ChatGPT　沒問題！以下是根據剛剛所提供的模板，填入模擬數據和資料的市場研究報告示例。我們現在換一個產業來說明，以一家開發環保型電動汽車的新創公司為背景：

市場研究報告

報告標題
報告名稱：電動汽車市場研究報告
撰寫日期：2023 年 12 月 15 日
撰寫人員：GreenTech Market Research Team
目錄
市場概述
市場需求分析
目標客戶分析
競爭環境
產品分析
策略建議
市場機會和風險評估
結論和行動方針
附錄

1. **市場概述**
   - 行業背景：隨著環保意識的提升和汽車相關科技的進步，電動汽車（EV）行業正迅速發展。
   - 關鍵趨勢：政府補貼政策、電池技術革新、充電基礎設施的擴展。

2. **市場需求分析**
   - 需求驅動因素：消費者對環保交通工具的日益關注，以及全球範圍內對減少碳排放的迫切需求。
   - 需求變化：2020 年至 2023 年間，全球電動汽車銷量年成長率達到 30%。

3. **目標客戶分析**
   - 客戶特點：環保意識強，技術導向，中高收入群體。
   - 需求分析：尋求性能可靠、設計時尚且具有高性價比的電動汽車。

4. **競爭環境**
   - 主要競爭者：特斯拉、Nissan、雪佛蘭。
   - 市場占有率：特斯拉占全球市場占有率的 25%，Nissan 12%，雪佛蘭 8%。

5. **產品分析**
   - 產品特點：創新的電池技術，長里程續航，快速充電。
   - 差異化因素：獨特的車載智慧系統，客製化外觀設計。

6. **策略建議**
   - 市場進入策略：初期聚焦都市地區，搭配綠色能源倡議。
   - 價格策略：中高端市場定位，競爭性定價策略。

7. **市場機會和風險評估**
   - 機會識別：新興市場的快速成長，例如：亞洲和拉丁美洲。
   - 風險分析：原材料

6.教育科技公司的系統規劃與開發

🔳 **Vista**　太好了，請你繼續講解下一個案例！

🅢 **ChatGPT**

故事　教育科技新創公司的學習管理系統

某家專注於教育科技的新創公司，正在開發一款學習管理系統（LMS），旨在為中小學校提供一個整合的平臺進行線上教學、學生評估和課程管理。

角色 產品經理 Linda
虛擬助理 ChatGPT

場景 Linda 正在設計這款 LMS 的主要功能和更好的使用體驗。

對話

🧑 **Linda** 「ChatGPT，我們的學習管理系統需要哪些關鍵功能來支援教育工作者和學生？」

⑤ **ChatGPT** 「對於一款有效的學習管理系統，應該包括課程內容管理、線上互動教學工具、學生進度跟蹤和成績評估功能。」

🧑 **Linda** 「我們應該怎樣設計這些功能，以確保系統對教師和學生都易於使用？」

⑤ **ChatGPT** 「重點應該放在用戶友好的介面設計上，提供直觀的導航和清晰的說明。此外，應該允許教師和學生來客製化他們的使用體驗。」

🧑 **Linda** 「在處理教育數據時，我們需要考慮哪些隱私和安全問題？」

ChatGPT 「非常重要的是要遵守教育數據保護法規，如 FERPA，並實施堅固的數據加密和訪問控制機制。」

Linda 「我還需要準備一份市場分析報告，來為我們的產品開發計畫背書。」

ChatGPT 「我會提供一份涵蓋市場趨勢、目標學校的需求和競爭環境的詳細報告。」

這個案例展示了 ChatGPT 如何協助產品經理在開發針對特定行業（如教育）的複雜系統時，提供功能設計建議、法令遵循指導和市場分析。

Vista 可以請你提供一份擬真的 LMS 產品的詳細報告，以便參考嗎？

ChatGPT 當然。以下是一份擬真的 LMS（學習管理系統）產品的詳細市場報告，用於指導新創公司的產品開發和市場策略。

學習管理系統（LMS）產品市場報告

報告標題
報告名稱：創新學習管理系統
　　　　　市場分析
撰寫日期：2023 年 12 月 16
　　　　　日
撰寫人員：EduTech Insights
　　　　　Team

1. 市場概述

- 行業背景：隨著教育科技領域的推進，全球對於靈活且全面的學習管理系統的需求正快速成長。
- 關鍵趨勢：行動學習、自適應學習（Adaptive Learning）技術的興起，以及對學習數據分析的重視。

2. 市場需求分析

- 需求驅動因素：遠程學習的普及，以及學校對提高教學品質和效率的需求。
- 需求變化：預計從 2023 年至 2028 年，全球 LMS 市場的年成長率將達到 12%。

3. 目標客戶分析

- 客戶特點：中、小學，尤其是那些追求創新教學方法和提高學生參與度的機構。
- 需求分析：尋求易於使用、具有豐富功能和可靠安全性的 LMS 解決方案。

4. 競爭環境

- 主要競爭者：Canvas、Blackboard、Moodle。
- 市場占有率：Canvas 占全球市場占有率的 30%，Blackboard 25%，Moodle 20%。

5. 產品分析

- 產品特點：提供靈活的課程設計工具，集成先進的學習分析功能。
- 差異化因素：個性化學習路徑，強大的學生參與和意見回饋機制。

6. **策略建議**
   - 市場進入策略：透過與教育機構的合作夥伴關係進入市場，提供客製化解決方案。
   - 價格策略：採用靈活的訂閱制商業模式，根據學校規模和需求來訂定價格。

7. **市場機會和風險評估**
   - 機會識別：擴展到新興市場和私立教育機構。
   - 風險分析：技術快速變化，可能導致產品推出時已經過時。

8. **結論和行動方針**
   - 重要結論：市場對創新和靈活的學習管理系統有強烈需求。
   - 建議行動方針：持續創新產品功能，並強化用戶支援和培訓。

9. **附錄**
   - 數據來源：市場研究、教育技術報告、用戶調查與研究。
   - 額外資料：用戶案例研究、產品演示影片、技術白皮書。

這份市場報告提供了一個全面的視角，涵蓋了市場概況、需求分析與競爭環境分析等關鍵領域，並針對學習管理系統的開發和市場策略提供了具體的建議。報告中包含的模擬數據和資料旨在呈現一個真實的市場研究情境，有助於產品經理和團隊在開發和推廣過程中做出明智的決策。

👤 **Vista**　可以請你運用心智圖，幫忙規劃一下 LMS 系統的架構圖嗎？

ChatGPT Plugins ˅

3/3 已啟用

Doc Maker A+ ☐

Consensus Search ☐

AI Diagrams ☑

Research By Vector ☐

· 數據保護

圖 5-4 使用 ChatGPT 有需要還可搭配許多外掛程式

ChatGPT　目前我無法直接創建或展示視覺圖表，例如心智圖。但我可以描述一個LMS系統的架構，你可以根據這個描述來繪製心智圖。

LMS 系統架構描述

- 用戶管理
- 教師帳號
- 學生帳號
- 管理員帳號
- 課程管理
- 課程創建
- 課程內容（影音、文件、測驗）
- 課程進度跟蹤
- 互動教學工具
- 討論區
- 即時消息
- 影音會議
- 學習分析
- 學生學習進度
- 成績分析
- 學習行為分析
- 測評系統

- 線上測驗
- 作業提交
- 成績評定
- 系統管理
- 數據備份與恢復
- 安全設置

- 系統監控與報告
- 技術支援
- 用戶幫助與指導
- 技術問題解答
- 系統更新與維護

這個架構提供了一個全面的 LMS 系統設計概觀，包括主要功能模塊和子模塊。你可以根據這個描述，使用心智圖軟體或手繪來創建 LMS 系統的架構圖。

Vista 的小提醒：如果你是 ChatGPT Plus 的付費版用戶，可以在 ChatGPT Plugins 模式中選用 AI Diagrams 這個外掛程式，即可讓 ChatGPT 為你繪製心智圖。

可搭配各種外掛程式，是 ChatGPT 延伸實力的優勢，對使用者來說，善用這個技術，就像是你有個能力已經不錯的助理，隨時都可按照你的需要瞬間學會新技能，讓你們的工作表現更令人驚豔。因此我會建議各位評估需要，升級付費版，雖然是筆費用，但若能節省時間為你增添某些關鍵優勢，這樣的投資仍是很值得的！

以下即為使用 ChatGPT Plus 的外掛程式所繪製出的心智圖：

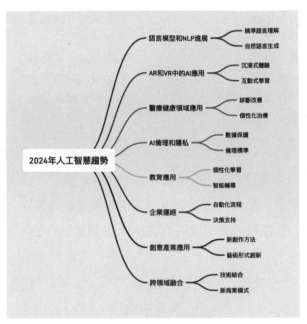

圖 5-5 搭配心智圖外掛程式

7. 健康顧問公司的平臺服務設計

> 👤 **Vista** 好的，請你繼續下一個案例的說明，謝謝。

🚀 **ChatGPT**

故事 數位健康平臺的開發

背景 某家數位健康顧問公司正在開發一個全面的數位健康平臺。希望透過這個平臺，可以幫助用

戶管理自己的健康數據，包括運動追蹤、飲食紀錄、健康檢查結果和醫療諮詢。

角色　產品經理Tom

虛擬助理ChatGPT

場景　Tom正在規劃數位健康平臺的功能，並致力於提升使用體驗。

對話

🪧 **Tom**　「ChatGPT，請問我們公司的數位健康平臺，需要推出哪些核心功能來滿足用戶的需求？」

◉ **ChatGPT**　「嗯，核心功能應該包括健康數據追蹤（如步數、心率）、飲食紀錄、睡眠監測、健康目標設置以及與醫療專業人員的遠程諮詢功能。」

🪧 **Tom**　「我們怎樣設計這些功能，以確保讓用戶獲得良好且高效的使用體驗呢？」

◉ **ChatGPT**　「重點是提供直觀易用的操作介面，並透過個性化建議來增加用戶參與度。例如：根據用戶的活動數據和健康紀錄提供客製化的健康建議。」

🪧 **Tom**　「在處理個人健康數據時，我們需要考慮哪些隱私和安全問題？」

◉ **ChatGPT**　「必須嚴格遵守，例如：HIPAA所規

範的數據保護法規，同時在用戶數據儲存和傳輸方面，必須實施高標準的加密和安全措施。」

🔲 Tom 「另外，我需要準備一份市場分析報告，來爭取主管的認同！」

⑤ ChatGPT 「好的。我會提供一份包括市場趨勢、目標用戶分析和競爭環境的詳細報告。」

這個案例展示了 ChatGPT 如何協助產品經理在開發面向廣泛用戶的數位健康平臺時提供功能設計建議、法令遵循指導和市場分析。

🔲 Vista 請你分別提供一份擬真的市場分析報告跟產品開發計畫，好嗎？

⑤ ChatGPT 當然。以下是針對數位健康平臺的兩份模擬報告：一份是市場分析報告，另一份是產品開發計畫。

數位健康平臺市場分析報告

報告標題
- 報告名稱：數位健康平臺市場趨勢分析

- 撰寫日期：2023 年 11 月 17 日
- 撰寫人員：HealthTech

Market Research Team

工具。

1. 市場概述
- 行業背景：隨著科技進步和健康意識提升，數位健康領域正在迅速擴展。
- 關鍵趨勢：個性化健康管理、行動醫療應用的興起，以及遠程監測技術的發展。

2. 市場需求分析
- 需求驅動因素：增加的健康意識、對便捷健康管理工具的需求，以及遠程醫療服務的普及。
- 需求變化：預計從 2023 年至 2028 年，數位健康市場將以年均 20% 的速度成長。

3. 目標客戶分析
- 客戶特點：關注健康的成年人、患有慢性病的病人，以及健康數據愛好者。
- 需求分析：尋求全面、易於使用的健康追蹤和管理

4. 競爭環境
- 主要競爭者：Fitbit、Apple Health、MyFitnessPal。
- 市場占有率：Fitbit 的市場占有率來到 25%，Apple Health 20%，MyFitnessPal 15%。

5. 策略建議
- 市場進入策略：強調個性化功能和數據安全，聚焦特定用戶群體。
- 價格策略：提供免費基本版本，並透過高級功能的訂閱模式進行盈利。

6. 結論和行動方針
- 重要結論：市場對於創新的數字健康解決方案有顯著需求。
- 建議行動方針：開發針對特定健康需求的客製化功能，並強化用戶隱私保護。

1. 產品概念

- 產品定位：一個全面的數位健康管理平臺，提供健康追蹤、飲食和運動計畫，以及與醫生的遠程溝通功能。

2. 功能設計

- 健康數據追蹤：追蹤用戶的活動量、心率、睡眠品質等。
- 飲食管理：提供飲食紀錄和分析工具，幫助用戶擬定合理的飲食計畫。
- 運動計畫：根據用戶的健康目標提供客製化的運動計畫和引導。
- 遠程醫療溝通：允許用戶與醫療專業人員進行遠程溝通和諮詢。

3. 技術架構

- 平臺架構：雲端基礎設施，以支援大數據儲存和高速計算。
- 數據安全：實施最新的加密技術和法令遵循性控制，以保護用戶數據。
- 整合 APIs：與健康追蹤設備和其他健康管理應用進行整合。

4. 使用體驗設計

- 介面設計：直觀、易用的使用介面，適合所有年齡層的用戶。
- 個性化體驗：使用機器學習算法為用戶提供個性化的健康方案建議。

5. 市場推廣計畫

- 目標市場：聚焦於健康意識較高的成年人和慢性病患者。
- 宣傳策略：利用社群媒體、健康類型的部落格和合作夥伴關係進行市場推廣。

6. 風險評估和管理

- 技術風險：持續追蹤最新的技術發展，以避免產品

過時。

- 市場風險：定期進行市場調查與研究，以適應用戶需求和偏好的變化。

- 人力資源：團隊組成和專業技能要求。

8. 開發時間表

- 里程碑規劃：產品開發的階段性目標和時間表。
- 發布計畫：預計產品試用版和正式版的發布時間。

7. 預算和資源計畫

- 開發預算：詳細的預算分配計畫，涵蓋研發、市場推廣和營運成本。

以上的這兩份報告，提供了一個全面的市場分析和產品開發計畫，旨在指導數位健康平臺的成功開發和市場推廣。報告中包含的模擬數據和訊息僅供參考，旨在展示實際工作環境中的市場研究和產品規劃流程。

8. 遊戲公司的VR遊戲開發

🔲 **Vista**　請繼續下一個案例說明，謝謝！

⑤ **ChatGPT**

故事　虛擬實境（VR）遊戲開發

背景　某家遊戲開發公司正在創建一款沉浸式虛擬實境（VR）遊戲。這款遊戲旨在結合故事驅動的

冒險與互動式挑戰，為玩家提供獨特的虛擬體驗。

角色　遊戲設計師 Emily

虛擬助理 ChatGPT

場景　Emily 正在規劃遊戲的故事情節、角色設計和遊戲機制。

對話

Ⓝ Emily 「ChatGPT，我們的 VR 遊戲需要包括哪些核心元素，才能吸引玩家並提供沉浸式體驗？」

⑥ ChatGPT 「為了創造吸引人的 VR 遊戲，你應該集中於豐富的故事情節、生動的角色設計、互動式的遊戲環境，以及直觀的控制機制。」

Ⓝ Emily 「我們應該如何設計遊戲故事和角色，使它們既迷人又具有深度？」

⑥ ChatGPT 「創造一個引人入勝的敘事背景，設計具有獨特個性和動機的角色。利用 VR 技術創造真實感強烈的互動和對話。」

Ⓝ Emily 「在開發 VR 遊戲時，我們需要考慮哪些技術和用戶體驗挑戰？」

⑥ ChatGPT 「你需要考慮到 VR 硬體的限制，比如

解析度，以及如何減少遊戲引起的眩暈感，同時確保遊戲機制簡單直觀，避免過度複雜的操作。」

🔲 **Emily** 「關於市場定位和推廣策略，你有什麼建議？」

◎ **ChatGPT** 「首先，建議瞄準那些對沉浸式敘事和互動式遊戲感興趣的玩家。可以利用社群媒體、遊戲展和具有影響力的網紅合作，藉此推廣貴公司的遊戲。考慮創建演示版本，讓潛在用戶體驗遊戲。」

這個案例展示了 ChatGPT 如何協助遊戲設計師在創建新型VR遊戲時提供創意建議、技術指導和市場策略。

🔲 **Vista**　可以請你幫Emily構思一個能夠吸引年輕族群的遊戲腳本嗎？

◎ **ChatGPT**　當然，我可以提供一個針對年輕族群的VR遊戲腳本構思。讓我們設想一款名為「時空探險家」的遊戲：

遊戲名稱：時空探險家
故事背景：

在不遠的未來，科學家發現了一種透過虛擬實境探索不同時空的技術。玩家扮演一名年輕的時空探險家，利用這項技術進行一系列令人興奮的時空旅行，解開歷史之謎，同時阻止一個邪惡組織改變歷史進程。

主要角色：

玩家角色　一名聰明、勇敢的年輕時空探險家。

導師角色　玩家的導師，一位經驗豐富的前時空探險家。

反派角色　邪惡組織的領袖，試圖利用時空技術達成自己的野心。

遊戲機制：

時空旅行　玩家可以選擇不同的歷史時期和地點進行探索。

互動式謎題　在每個時空，玩家需要解決謎題和挑戰，以推進故事情節。

角色互動　與歷史人物的互動，影響故事走向和結局。

戰鬥系統　與敵人戰鬥，保護歷史的真相。

故事線：

導入　玩家在導師的指導下學習時空旅行的技能。

衝突　發現邪惡組織的計畫，開始一系列時空之旅阻止他們。

高潮 在關鍵的歷史時刻與反派角色進行決戰。

結局 根據玩家的選擇和行動，有多種不同的結局。

目標和挑戰：

探索和學習 了解不同時代的歷史和文化。

策略和決策 在冒險過程中做出重要的決策。

技能提升 隨著遊戲進展，提升角色的技能和能力。

遊戲風格和畫面：

視覺風格 色彩豐富，具有歷史風格的視覺設計。

音效和配樂 根據不同的時代和地點，提供獨特的音效和配樂。

這款遊戲旨在結合教育和娛樂，透過沉浸式的VR體驗讓年輕玩家在探險和學習中獲得樂趣。

🔲 Vista 可以請你協助規劃一下可行的遊戲關卡和商業模式？以便玩家課金（在遊戲中使用現金購買資源或道具）？

---

⑤ ChatGPT

遊戲關卡設計

1. 初學者區域 -「時空學院」

目的 教導玩家基本的時空旅行技能和遊戲機制。

特色 互動式教學導覽，輔以簡單的謎題和挑戰。

獎勵 基本裝備和時空旅行的初始許可。

2. 古埃及 -「法老的謎團」

挑戰 解開古墓的秘密，阻止反派竊取寶藏。

活動 解謎，尋找隱藏物品，與歷史人物互動。

獎勵 稀有裝備，增強技能。

3. 中世紀 -「龍與騎士」

挑戰 幫助一位勇敢的騎士拯救村莊，並尋找時空裂縫。

活動 戰鬥模擬，策略決策，建立同盟。

獎勵 特殊武器，時空旅行新路徑。

4. 工業革命 -「蒸汽與陰謀」

挑戰 揭露一個隱藏的陰謀，防止歷史被改寫。

活動 潛入，間諜活動，解碼機密文件。

獎勵 高級間諜裝備，新的故事線。

5. 未來城市 -「時間的守護者」

挑戰 在高科技都市中尋找反派的總部，防止一場災難。

活動 科技謎題，高速追逐，終極決戰。

獎勵 先進科技裝備，特殊能力。

商業模式與課金策略

1. 免費入門，付費進階

基礎版　免費提供初學者區域和第一個時空關卡。

高級版　付費解鎖更多時空關卡和特殊功能。

2. 虛擬商品和裝備銷售

特殊裝備　提供獨特的服裝、武器和道具，供玩家購買。

增強包　提供技能升級包、特殊能力或額外的遊戲內貨幣。

3. 季度通行證

訂閱服務　定期更新的季度通行證，提供獨家任務、獎勵和限定裝備。

4. 限時活動和挑戰

活動參與　舉辦特殊活動和挑戰，提供獨特獎勵和限時商品。

5. 客製化和社群參與

個性化　提供客製化角色和故事選項，增加玩家對故事的投入感。

社群活動　組織玩家社群活動，提供獨家獎勵，增強玩家忠誠度。

這種結合免費和付費內容的模式旨在吸引廣泛的玩家群體，同時提供持續的收入來源。

以下是詳細的商業模式解說：

6. 跨平臺玩法

多平臺體驗　允許玩家在不同的硬體平臺上遊玩，如 PC、遊戲機和行動設備。

共享進度　玩家可以在不同平臺間同步進度和購買。

7. 社群和品牌合作

合作活動　與其他遊戲或品牌合作，推出特殊活動和限定物品。

社群建設　建立玩家社群，透過論壇、社群媒體和直播活動提升參與感。

8. 擴展和更新

定期更新　定期推出新內容，包括新的時空關卡、故事線和挑戰。

可持續擴展　根據玩家的意見回饋和市場趨勢，持續開發新功能和內容。

9. 廣告和贊助

遊戲內廣告　在遊戲中嵌入非侵入式廣告，為玩家提供額外獎勵。

品牌贊助 與相關品牌合作進行內容贊助，提高收入。

10. 數據分析和個性化推薦

數據洞察 分析玩家的行為數據，以優化遊戲設計和商業策略。

個性化體驗 根據玩家喜好和行為提供個性化推薦，提升玩家黏性。

這樣的商業模式旨在平衡玩家的免費體驗與盈利需求，確保遊戲的長期可持續性和成功。透過不斷的更新和創新，讓這款遊戲能夠保持新鮮感，吸引並保持玩家的興趣。

9. 科技新創公司的 App 設計

Vista 請繼續進行下一個案例說明。

ChatGPT

故事 開發一款可持續能源教育應用的 APP

背景 一家專注於永續發展（Sustainable Development）的科技新創公司正在開發一款教育 App，旨在透過互動內容和遊戲化學習

提高社會大眾對永續能源和環保的認識。

角色 應用開發經理 Anna

　　　 虛擬助理 ChatGPT

場景 Anna 正在設計應用的教育內容和用戶的使用
體驗。

對話

🧑 **Anna** 「ChatGPT，請問一下我們的永續能源教育 App 需要內建哪些關鍵元素，才能有效提高社會大眾的環保意識？」

💬 **ChatGPT** 「嗯，這款 App 應該包括互動教學內容、有趣的遊戲化學習體驗、實時數據展示，以及關於可持續生活方式的實用建議。」

🧑 **Anna** 「我們如何設計這些功能，確保既能夠教育市場，又可以吸引用戶？」

💬 **ChatGPT** 「這是一個好問題！建議你可以透過結合吸引人的視覺效果、易懂的訊息和互動元素來設計這些功能。例如：創建一個虛擬的可持續發展的城市，讓用戶在遊戲中學習和探索。」

🧑 **Anna** 「在開發這種教育 App 的時候，你覺得我們需要考慮哪些使用體驗和技術挑戰呢？」

🟦 **ChatGPT** 「重要的是要確保App的使用介面的直觀與易用性，適合所有年齡段的用戶。在技術方面，應確保App的穩定性和流暢性，特別是在不同類型的行動裝置上。」

🧑 **Anna** 「好，我知道了！關於市場定位和推廣策略，你有什麼建議？」

🟦 **ChatGPT** 「這款教育App的目標市場，可以鎖定學校、家庭和環保組織。推廣策略可以包括與教育機構合作、參加環保活動，以及在社群媒體上舉辦互動競賽。」

這個案例展示了 ChatGPT 如何協助產品經理開發一個結合教育和娛樂屬性的App，以提高社會大眾對永續能源等重要議題的認識。

　　我在本章透過多個模擬真實的案例，帶領大家理解以ChatGPT為首的AI工具，可以如何為你分憂解勞！我衷心期待，這回透過說故事的方式來解析AI在職場中的應用，可以為你帶來一些啟發與幫助。

　　最後，我想為你提供一個結合本書所提過的「思維鏈」和5W1H（即何時、何地、為何、誰、什麼、如何）方法的**提問模板**。這個模板看似簡單，卻可以有效幫助使用者根據他

們的特定背景訊息，快速構建出有深度和針對性的問題。我相信這對於忙碌的職場工作者來說，應該會非常有幫助。

Vista的5W1H提問模板

- **背景（Background）** 簡要描述您的背景，或是與問題相關的參考資訊。
- **目標（Objective）** 明確指出您想透過提問獲得的答覆，或是希望達到的目標。
- **細節（Details）** 提供與問題相關的具體細節。
- **5W1H**

  What（**什麼**）：描述您想解決或了解的具體事物。

  Why（**為什麼**）：具體說明為什麼這個問題很重要。

  Who（**誰**）：涉及或影響的人物。

  Where（**哪裡**）：地點相關性。

  When（**何時**）：時間範圍或截止日期。

  How（**如何**）：您希望問題以什麼方式被解答或探討。

- **預期結果（Expected Outcome）** 描述理想的答案或訊息，應該包含哪些要素。

　這個結合了思維鏈和5W1H方法的提問模板，具有以下幾個特色：

　　1.**結構化提問**：透過模板的清晰結構，可幫助使用者

有條不紊地組織想法，進而提出更加具體和有針對性的問題。

2. **提問的全面性**：透過包含背景、目標、細節和預期結果等元素，可確保提問的全面性，進而獲得有用的答案。

3. **目標明確**：此模板揭櫫了明確設定目標的重要性，這有助於聚焦討論，並確保回答能夠滿足提問者的實際需求。

4. **情境適應性**：此模板可適用於多種情境，無論是商業、學術還是個人問題等範疇，都能夠有效地應用。

5. **深入分析**：透過5W1H的方法，鼓勵使用者深入思考問題的不同面向，也協助ChatGPT回答得更為深入。

6. **靈活性和擴展性**：雖然模板提供了一個基本框架，但它也允許足夠的靈活性以因應額外的訊息，或是針對特定情況進行調整。

7. **促進深度思考**：運用此模板提問的同時，形同要求提問者進行深度思考和自我省思，此舉有助於提高問題的品質，並可激發出靈感與創造性思維。

　　歡迎大家參考這個提問模板，設計出自己的專屬提問框架。若有任何問題，歡迎與我討論！

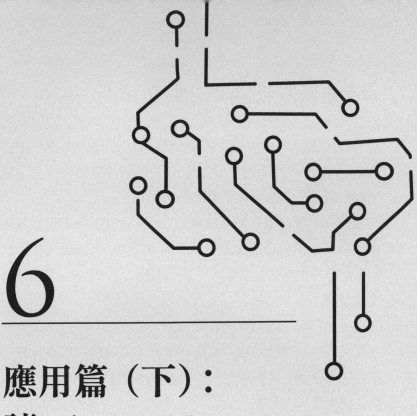

6

應用篇（下）：
讓 ChatGPT
爲你提升工作效率

請ChatGPT設計工作流程
1. 電商平臺行銷經理的工作流程優化
2. 貿易公司總經理秘書的向上管理與橫向溝通
3. 科技公司程式設計師的軟體開發品質提升

當上班族遇上ChatGPT

我在第五章透過大量職場案例的講解方式，為你介紹了 ChatGPT 的多元應用。從多樣的場景，希望也能啟發你找到如何讓它幫你做更多事的用途。

接下來，我在這章同樣的運用 ChatGPT 生成了三位年輕人的案例，跟你分享在忙碌的職場生活中，ChatGPT 可以如何實際讓幫我們分憂解勞，進而提升工作效率，又能兼顧生活品質。

這三個年輕人的故事如下：

楊綺恩、康華珍和趙明遠是大學時期的同班同學兼死黨，畢業之後三個人各奔前程，分別在電商平臺、貿易公司和科技公司服務，並且擔任行銷經理、總經理秘書和程式設計師。

儘管大學畢業已經快 10 年了，他們的交情還是相當好，時常聚在一塊兒，除了吃吃喝喝，也不時分享一些業界情報與生活的趣聞。

最近，他們三人又約好要聚餐。酒足飯飽之後，大家不知不覺又聊起了工作……

楊綺恩：華珍跟明遠，我想問兩位啊！最近我發現自己的工作效率不是很高，晚上老是加班真讓人吃不消，老公也會抱怨！我想請教一下，你們有沒有什麼好方法可以提升效

率？

康華珍：嗨，綺恩，我覺得時間管理很重要。妳也知道我這個總經理秘書的工作不好幹，每天都得跟著老闆到處跑，還要幫他安排各種工作會議跟應酬……如果沒有一套完善的方法來管理，一定會完蛋的啦！所以，我自己是用一些數位工具來幫助我計畫和追蹤日常的工作。比如說，使用智慧型手機的行事曆軟體來規劃每天的工作，我也會用 Heptabase 這款筆記 App 來記錄工作。

趙明遠：嗯，我同意華珍的看法。另外，我還發現減少干擾和合理分配休息時間也很有幫助。妳們有聽過「番茄工作法」嗎？例如：我會專注工作 25 分鐘，然後休息 5 分鐘。尤其像我們這種忙著寫程式的工程師，整天都盯著螢幕也受不了呀！

楊綺恩：太棒了，謝謝兩位呀！這些方法聽起來都很棒。但我還是覺得有些事情要花很多時間欸，比如說，查資料、撰寫報告之類的。

康華珍：呃，那妳有沒有考慮過用一些 AI 工具來幫忙呢？比如我最近發現了一個叫做 ChatGPT 的 AI 助手，它可以**幫忙撰寫文案、查詢資料，甚至還能協助處理一些複雜的問題。**

趙明遠：確實，我也用過 ChatGPT 來幫我解決一些程式設計上的問題。**它不僅可以提供程式代碼的範例，還能幫我理解一些複雜的邏輯概念。**

楊綺恩：哇，聽起來真的很厲害！我可以怎麼開始使用

呢？

康華珍：這個不難！妳可以連上 OpenAI 的網站，然後就可以開始對話了。ChatGPT 能根據你的問題提供個性化的回答和建議。

趙明遠：對了，臉書上頭有一個「AI 好好用」的社團，妳可以考慮加入，那裡有許多關於 ChatGPT 和其他 AI 工具的討論和資源。

楊綺恩：太棒了，我馬上去試試。謝謝妳們的建議！而且我也會加入那個社團看看。

過了兩個禮拜，他們三個人又相約在民生社區的某家咖啡館碰面。在難得的週末午後，綺恩、華珍和明遠一邊啜飲咖啡，一邊打開話匣子，天南地北聊了起來⋯⋯

楊綺恩：哇，明遠你可真會找地方，今天的咖啡真不錯！對了，我最近開始使用 ChatGPT 來幫忙**提高工作效率**，效果真的很好！

康華珍：真的嗎？我也用過幾次，主要是用來**生成一些創意的文案和快速回應客戶的郵件**。但我還沒有深入探索它能怎麼幫助我**規劃工作流程**？

趙明遠：我也有類似的經驗。用 ChatGPT 來幫忙解決一些程式開發的問題，真的很方便。不過，我也想知道它如何能幫助我們更有效地管理和規劃工作？

楊綺恩：嗯，我試過讓ChatGPT協助我制定每日工作計畫。**我會告訴它我當天需要完成的任務，然後它會根據任務的緊急程度和難易度幫我排出一個合理的時間表。**

康華珍：哇，那聽起來很實用。它是怎麼處理這些資訊的？妳需要提供哪些具體細節？

趙明遠：嗯，我想我也可以用這個方法來規劃我的程式開發計畫。綺恩，妳都怎麼做呢？

楊綺恩：通常我會先列出我當天的所有任務，包括每個任務的大概所需時間和重要性。然後，我會問ChatGPT如何最有效地安排這些任務。

康華珍：哦，那它所給出的安排很合理嗎？

楊綺恩：真的很有效。它甚至還會考慮到我需要休息的時間，確保我不會過度勞累。

趙明遠：聽起來很不賴！我最近剛好有一個複雜的專案需要啟動，我想我明天就試試看用ChatGPT來幫忙規劃。

康華珍：嗯，我覺得AI真的可以成為大家的神隊友欸！對了，妳們有加入上次提到的那個臉書社團了嗎？

楊綺恩：好主意，我記得那個社團。我有空也會去看看。感謝提醒！

趙明遠：好了，那我們再來一杯咖啡，享受這美好的週末時光吧！

請ChatGPT設計工作流程

　　何謂工作流程（Workflow）？根據Dropbox網站的介紹，工作流程是將執行任務所需的活動順序，以概述的方式列出。工作流程的概念，就是透過系統化的組織資源來決定相關流程，並描述每項任務從「尚未開始」到「完成」的途徑。

　　回顧工作流程的發展沿革，由波蘭工程師卡羅爾・阿達米耶茨基（Karol Adamiecki）發明的時間表（Harmonogram）被認為是最早所知的工作流程管理系統形式之一。時間表利用紙條來概述作業流程，指出流程中之前和之後的任務。這些紙條上加了紙標籤，每個紙標籤代表一個時間單位，利用這個方法來測量完成任務所需的時間。

　　時代不斷地更迭，最早的時期大家必須透過紙筆來進行工作流程的規劃，真的非常繁瑣。伴隨資訊科技的起飛，後來可以運用Excel或其他的軟體來進行流程管理，已經有了很大的進步。如今在ChatGPT等AI工具的加持之下，更有利於我們來設計與優化自己的工作流程了。

　　接下來讓我們繼續來看看ChatGPT可以如何幫楊綺恩、康華珍和趙明遠這三位年輕人設計與優化工作流程！

　　對於楊綺恩、康華珍和趙明遠這三位職場人士而言，擁有針對自身職業需求定制的工作流程尤為重要，因為他們的工

作性質和職責各不相同。例如：楊綺恩做為行銷經理，她的工作流程需要專注於創意產出和市場分析；康華珍則需要重視時間管理和行程協調；趙明遠的工作則更偏重於技術開發和問題解決。

ChatGPT可以在以下這幾個方面，協助他們設計和改善工作流程：

- **自動化建議**　根據他們的工作性質，提供自動化工具和軟件的建議。
- **時間管理策略**　幫助他們更有效地安排時間，如採用番茄工作法或時間塊策略。
- **任務優先順序設定**　幫助他們根據任務的緊迫性和重要性進行排序。
- **問題解決**　為他們在特定領域（例如：技術問題、市場分析等）提供專業建議和解決方案。

首先，我們來看看這三位年輕人的工作職掌。

楊綺恩是**電商平臺行銷經理**，她的日常工作，簡單條列如下：

- 市場趨勢分析
- 策略規劃和執行
- 廣告和促銷活動管理
- 團隊協調和管理

- 數據分析和報告
- 客戶關係管理

每天的時程規劃：
- 08:00 - 09:00 閱讀電商產業新聞和市場趨勢報告
- 09:00 - 10:30 召開團隊會議
- 10:30 - 12:00 策略執行和專案管理
- 12:00 - 13:00 午餐
- 13:00 - 15:00 數據分析和報告撰寫
- 15:00 - 16:30 與廣告代理商和合作夥伴會面
- 16:30 - 18:00 規劃明日的工作和總結當日進展

表6-1 電商行銷經理的工作內容

工作屬性	工作內容	ChatGPT可以提供的協助
市場分析	分析市場趨勢和消費者行為	提供市場分析的模板和建議，自動化數據整理過程
策略規劃	設計行銷策略和計畫	提供創新的行銷策略和案例研究，協助策略構思
廣告管理	管理廣告和促銷活動	生成創意廣告文案和設計建議
團隊管理	協調團隊工作和溝通	協助制定工作流程和協作工具的建議
數據分析	分析銷售數據和市場反應	提供數據分析的見解和可視化建議

工作屬性	工作內容	ChatGPT 可以提供的協助
客戶關係	維護客戶關係和溝通	草擬客戶溝通郵件和建立關係策略

康華珍是**貿易公司總經理秘書**，她的日常工作，簡單條列如下：

- 日程安排和會議協調
- 文件整理和歸檔
- 郵件處理和溝通協調
- 行政支援和物資管理
- 旅行安排和行程規劃
- 客戶接待和會議準備

每天的時程規劃：

- 08:00 - 09:00 檢查電子郵件和準備一天的工作清單
- 09:00 - 10:30 協助總經理準備會議和文件
- 10:30 - 12:00 客戶接待和會議安排
- 12:00 - 13:00 午餐
- 13:00 - 15:00 差旅行程等相關事務安排
- 15:00 - 16:30 文件整理和歸檔
- 16:30 - 18:00 日程規劃和次日準備

表6-2 貿易公司總經理秘書的工作項目

工作屬性	工作內容	ChatGPT可以提供的協助
日程安排	安排會議和日程	提供有效的時間管理和日程安排建議
文件管理	整理和歸檔文件	生成文件整理和管理的最佳實踐
郵件處理	處理郵件和溝通	自動化郵件回覆和撰寫建議
行政支援	提供行政支援和物資管理	提供行政工作流程和物資管理的建議
旅行安排	規劃出差和客戶拜訪的行程	提供出差計畫和行程安排的建議
會議準備	準備會議和客戶接待	提供會議準備的清單和技巧

趙明遠是**科技公司程式設計師**，他的日常工作簡單條列如下：

- 程式開發
- 軟體測試
- 技術文件撰寫
- 團隊協作和程式代碼審查
- 參與產品設計會議
- 維護現有系統和更新

每天的時程規劃：

- 08:00 - 09:00 檢查郵件和確認任務
- 09:00 - 12:00 程式撰寫與開發
- 12:00 - 13:00 午餐和休息
- 13:00 - 15:00 團隊會議和程式代碼審查
- 15:00 - 17:00 軟體測試和撰寫報告
- 17:00 - 18:00 撰寫技術文件

表6-3 程式設計師的工作項目

工作屬性	工作內容	ChatGPT可以提供的協助
程式開發	編寫和測試程式代碼	提供軟體開發的資源和問題解答
技術文件	撰寫技術文件和手冊	協助生成文件模板和用語表達建議
代碼審查	參與程式代碼審查和團隊協作	提供程式代碼審查的最佳實踐和建議
產品設計	參與產品設計和開發會議	提供產品設計靈感和技術見解
系統維護	維護現有系統和更新	提供系統維護和更新的策略建議
技術研發	探索新技術和解決方案	提供最新技術趨勢和學習資源

1. 電商平臺行銷經理的工作流程優化

> **Ⓐ Vista 的提問** 假設你是一位職涯顧問，接下來我要請你分飾兩角：模擬楊綺恩和 ChatGPT 的對話，並且為她梳理現有的工作職掌，優化相關的工作流程，讓工作可以更有效率。此外，請協助她做好時間管理，以便預留一些時間，可以抽空進修、小憩休息或是臨時與同事開會。

Ⓐ 楊綺恩 「嗨，ChatGPT，我最近感到工作壓力很大，感覺時間永遠不夠用。我需要優化我的工作流程，同時也想有更多時間進修和休息。你能幫我梳理一下我的工作職掌，並給我一些建議嗎？」

Ⓢ ChatGPT 「當然可以，楊綺恩。讓我們先來看看您目前的主要工作職掌。」

Ⓐ 楊綺恩 「我的主要職責包括市場分析、策略規劃、團隊管理、廣告和促銷活動管理、數據分析和報告，還有客戶關係管理。」

Ⓢ ChatGPT 「明白了。我們可以從幾個方面入手來優化這些工作流程。首先，對於市場分析和數據分析，您可以考慮使用自動化工具來處理數據收集和初

步分析,節省時間。」

楊綺恩 「這聽起來不錯。我應該怎麼做?」

ChatGPT 「您可以使用專門的市場分析軟體,或者設置Google Alerts來自動追蹤相關新聞和行業報告。對於數據分析,可以利用Excel的高級功能,或者學習一些基本的數據分析工具,如Tableau或Power BI。」

楊綺恩 「有關策略規劃和團隊管理的部分,我該怎麼做呢?」

ChatGPT 「對於策略規劃,建立一個清晰的年度和季度目標框架是關鍵。這樣您和您的團隊都有明確的方向。使用項目管理工具,如Asana或Trello,來追蹤進度和分配任務。」

楊綺恩 「嗯,這些建議都很有幫助,謝謝呀。不過,我還是不知道該如何管理時間,以便有空餘的時間可以進修或休息?」

ChatGPT 「在時間管理的方面,您可以嘗試使用時間塊技術。將您的一天分為幾個固定的時間塊,每個時間塊專注於一種特定的工作或活動。此外,確保在日程中安排固定的休息時間和學習時間。」

楊綺恩：「這聽起來真的很有組織性。我會試試這些
方法。謝謝你的幫助！」

表6-4 Vista的對話觀察與分析

項目	亮點	學習重點
提問技巧	楊綺恩的提問方式顯得非常明快與清晰，不僅描述了工作狀況，還指出了需要改善的範疇（如時間管理和工作流程優化）。	在提問時，明確指出需要解決的問題和目標，可以幫助對方更精準地提供幫助。
回答策略	ChatGPT在回答時，首先是確認和理解楊綺恩的主要工作職掌，然後針對每個職掌提供具體的改善建議。	在回答複雜問題時，先理解問題的全貌，再逐一解決各個部分，可以使答案更全面而有效。
建議方向	ChatGPT給出了相當明確的工具和方法建議，例如推薦使用市場分析軟體、Google Alerts、Excel、Tableau、Power BI、Asana和Trello等。	提供具體的工具和方法，可以幫助對方更容易實施建議，進而達到更好的效果。
時間管理	ChatGPT建議使用時間塊技術來管理時間，這是一種有效的時間管理方法，可以幫助楊綺恩更好地安排工作和休息時間。	學習和應用有效的時間管理技巧，對於提高工作效率和生活品質來說都非常重要。
互動方式	在這個提問對話中，ChatGPT的回答既專業又友好，並且鼓勵楊綺恩嘗試新方法。	在提供專業建議的同時，保持友好和鼓勵的態度，可以增強對方接受建議的意願。

> **🔲 Vista 的提問** 請你繼續用對話方式，跟楊綺恩介紹時間塊的概念，並且向她解說如何運用 GTD 的原則？

Vista 的小提醒：ChatGPT 有非常好的教育培訓功能，現在便有很多人把它用來學習語言，除此之外，包含概念的解說或者技能的傳授等，任何方面的學習，你都可試試向 ChatGPT 求教。

⑤ ChatGPT 好的，沒問題！基於楊綺恩的工作職掌，我將為她設計一週的工作時程安排，並留有一定的餘裕和彈性，以便應對任何緊急情況，同時我會解釋這樣安排的原因和優點。

🔲 楊綺恩 「對了，我對你剛剛提到的時間塊技術很感興趣，但不太清楚具體是什麼意思，可以麻煩你詳細解釋一下嗎？」

⑤ ChatGPT 「當然可以。時間塊技術是指將一天分割成多個固定的時間段，每個時間段專注於一項特定的任務或活動。比如：您可以將上午9點到11點設定為市場分析的時間，然後將11點到12點設為團隊會議的時間。這樣可以幫助您更集中注意力，提高

工作效率。」

👤 **楊綺恩** 「哦,這聽起來很有組織性。那GTD原則是什麼?我以前在一些時間管理的書籍上有看到這個名詞,它又是怎麼運作的?」

🌀 **ChatGPT** 「GTD,即Getting Things Done,是一種時間管理和生產力提升方法。它的核心原則是將所有的任務和想法從頭腦中清理出來,記錄下來,然後組織這些訊息,並定期回顧和更新。這樣可以減少心理壓力,幫助您更清晰地專注於當前任務。」

👤 **楊綺恩** 「具體來說,我該如何應用GTD原則?」

🌀 **ChatGPT** 「首先記錄下所有的任務和想法,無論大小。然後確定每個任務的下一步行動,並將它們分類。比如:一些任務是需要立即完成的,另一些則可以安排在特定的時間。接著定期檢查您的任務清單,確保一切都在正軌上。」

👤 **楊綺恩** 「嗯,聽起來很棒!感覺對提高工作效率很有幫助。我會嘗試將這些方法應用到我的工作中。謝謝你的建議!」

👤 **Vista 的提問** 接下來請你根據楊綺恩的工作職

掌，幫她規劃一週的工作時程安排好嗎？記得，要保留一點餘裕跟彈性，以利因應電商產業的屬性以及臨時的緊急任務。同時請向她解說會如此安排工作流程的原因與優點。

Vista的小提醒：在指派任務時，除了清楚表達任務目標，明確點出限制條件，也能讓生成的方案品質更好、更實用。

某電商公司行銷經理楊綺恩一週的工作時程安排：

週一

· 09:00 - 09:30 檢查郵件和當日工作規劃

· 09:30 - 11:00 市場趨勢分析

· 11:00 - 12:00 團隊短會議和任務分配

· 12:00 - 13:00 午餐休息

· 13:00 - 15:00 召開策略規劃會議

· 15:00 - 16:00 客戶溝通和管理

· 16:00 - 18:00 撰寫行銷計畫或報告

週二

· 09:00 - 10:00 檢查郵件和社群媒體動態

· 10:00 - 12:00 線上廣告管理和優化

· 12:00 - 13:00 午餐休息

· 13:00 - 14:30 數據分析和撰寫報告

- 14:30 - 16:00 召開內容創意會議
- 16:00 - 18:00 準備明日的工作

週三

- 09:00 - 10:00 檢查郵件和回覆客戶查詢
- 10:00 - 12:00 聯繫和會見合作夥伴
- 12:00 - 13:00 午餐休息
- 13:00 - 15:00 完成緊急任務或彈性安排
- 15:00 - 16:30 團隊進度檢查和協調
- 16:30 - 18:00 盤點訂單和準備明日的工作

週四

- 09:00 - 10:00 檢查郵件和電商產業新聞
- 10:00 - 12:00 製作和審核行銷素材
- 12:00 - 13:00 午餐休息
- 13:00 - 15:00 主持商品行銷會議
- 15:00 - 16:30 更新和管理社群媒體策略
- 16:30 - 18:00 準備撰寫報告和總結

週五

- 09:00 - 10:00 檢查郵件和準備週會
- 10:00 - 12:00 部門週會
- 12:00 - 13:00 午餐休息
- 13:00 - 15:00 完成本週目標和任務

- 15:00 - 16:00 規劃下週工作和重要專案
- 16:00 - 18:00 處理本週未完成事務和加班準備

根據楊綺恩的工作性質和需求，ChatGPT 為她的一週工作時程安排設計了結構化的計畫，並留有足夠的彈性來應對突發事件。這樣的安排具有以下原因和優點：

- 提高專注度和效率：將工作時間分成專注於特定任務的時間塊，可以幫助楊綺恩減少分心，提高工作效率。

- 有效時間管理：透過規劃每日的工作內容，讓她可以更有效地控制時間，確保重要任務得到優先處理。

- 靈活應對緊急任務：在每天的日程中安排一定的彈性時間，使得她能夠更靈活地處理突發的緊急任務或臨時會議。

- 保持工作與休息的平衡：定時的休息和用餐時間有助於保持精力和工作動力，避免長時間工作帶來的疲勞。

- 提升團隊協調和溝通效率：安排定期的團隊會議和溝通時間，有助於增進團隊協作和訊息流通，進而提升整體團隊效能。

・預留時間進修和自我提升：透過合理安排工作計畫，讓楊綺恩可以在繁忙的工作中找到空檔時間進行學習和自我提升。

透過以上的時間管理策略，不僅有助於楊綺恩更有效地完成日常工作，同時也確保她有足夠的時間來應對臨時任務，並保持工作與生活的平衡。

2.貿易公司總經理秘書的向上管理與橫向溝通

> 📷 **Vista的提問**　假設你是一位資深的人力資源專家，接下來我要請你分飾兩角：模擬康華珍和ChatGPT的對話，並且為她梳理現有的工作職掌，讓她可以成為一位稱職的總經理秘書。請指點她如何做好與老闆之間的向上管理，以及和同事之間的橫向溝通，在忙碌的工作與生活中取得平衡。

Vista的小提醒：除了資訊、知識與工作技能面，透過這個案例，我們也來看看ChatGPT能否在情感或個人心理層面上，提出一些可行的方案？

ChatGPT　當然可以。讓我模擬康華珍和我這位資深人力資源專家（ChatGPT）之間的對話，協助她釐清自己的工作職責，成為一名出色的總經理秘書，同時我也會提供她在向上管理和橫向溝通的過程中的一些建議。

康華珍　「嗨，ChatGPT，做為總經理秘書，我經常覺得自己太忙了，有時候甚至不知道該如何有效地平衡工作和生活，也不知道該如何完成老闆交辦的各種任務？你能幫我梳理一下我的主要職責，並給我一些建議嗎？」

ChatGPT　「當然可以，康華珍。首先，讓我們先來檢視妳做為總經理秘書的主要職責：日程管理、會議安排、文件整理、行政支援，以及做為總經理和其他員工之間的溝通橋梁。我說得正確嗎？」

康華珍　「對，這些都是我的主要職責。但有時我發現自己在應對老闆的需求和團隊協作之間，難以取得平衡。」

ChatGPT　「親愛的華珍，我特別能夠理解妳的困難。關於向上管理，也就是管理妳的老闆，關鍵在於有效溝通和預期管理。首先，請確保妳了解他的優

先順序，並定期更新他對妳工作的期望。接下來可以幫助他整理和優化日程安排，可以讓他的工作更加高效。這樣他也就不會一直把工作丟給妳了！」

🔲 **康華珍** 「這聽起來很有幫助。那麼在團隊內部又該如何處理呢？我要如何做好橫向溝通呢？」

⑤ **ChatGPT** 「對於橫向溝通，也就是與同事間的協作，重要的是建立良好的關係和相互尊重。妳可以做為訊息和資源的中心，幫助同事解決問題，並有效地傳達總經理的指示和期望。同時別忘了設定合理的邊界，明確妳的工作範圍和責任。」

🔲 **康華珍** 「是的，這些都是我需要學習和改進的地方。你有什麼建議，可以幫我更好地平衡工作和個人生活嗎？」

⑤ **ChatGPT** 「有一個有效的方法，就是做好時間管理。合理安排工作時間，確保休息和放鬆的時間。學會說『不』，當工作超出妳的能力範圍時，適時尋求幫助或將任務委派給他人。此外，發展興趣愛好和規律的運動可以幫助妳釋放壓力，保持生活的平衡。」

🔲 **康華珍** 「非常感謝你的建議，我會努力去實踐。」

⑤ **ChatGPT** 「對了，還有一點非常重要！那就是

身為總經理秘書，妳不僅是一位行政支援者，也是團隊的重要成員。有效的時間管理和溝通技巧，將會是妳邁向成功的關鍵。」

🧑 **康華珍** 「我明白了，以後我會更加注重時間管理和溝通技巧。但有時我感到壓力很大，不知道該如何處理？」

⊚ **ChatGPT** 「嗯，壓力管理也是現代人必須學習的重要課題。妳要確保自己有足夠的休息時間，並嘗試一些可以舒緩身心的活動，好比瑜伽或冥想。當然，與一些可以信賴的同事或朋友分享自己的心情感受，也可以幫助妳紓解壓力。」

🧑 **康華珍** 「好的，我會嘗試這些方法。還有其他建議嗎？」

⊚ **ChatGPT** 「最後，保持學習和成長的態度非常重要。不斷提升自己的專業技能和軟技能，例如：溝通、團隊協作和時間管理，這些都將幫助妳在職業生涯中不斷進步。」

🧑 **康華珍** 「謝謝你的建議，我會努力實踐這些策略。」

透過這樣的對話，康華珍可以獲得實用的建議來提升
自己做為總經理秘書的工作效率和專業能力，同時也
學會了如何更好地處理壓力和保持生活的平衡。

表6-5 Vista的對話觀察與分析

項目	亮點	學習重點
提問技巧	康華珍的提問不但直接也很具體，她明確表達了自己在工作中遇到的瓶頸，並尋求ChatGPT給予針對性的建議。	在尋求幫助時，明確且具體地表達自己的需求和困難，有助於ChatGPT提供更有效的建議和解決方案。
回答策略	ChatGPT在回答時，不僅針對康華珍的問題提供建議，還進一步擴展到相關的專業技能和個人發展。	在回答問題時，提供具體且全面的建議，可以幫助對方從多個角度改善和提升。
溝通技巧	ChatGPT在對話中展現了良好的溝通技巧，好比有效的聆聽、同理心和鼓勵。	良好的溝通技巧不僅包括提供有效的建議，還包括展現同理心和鼓勵，這有助於建立信任和理解。
時間管理	ChatGPT建議康華珍使用時間管理技巧，例如：合理安排工作時間和確保休息時間。	學習和實踐有效的時間管理技巧，對於提高工作效率和生活品質來說都非常重要。
壓力管理	ChatGPT提供了關於壓力管理的建議，如練習瑜伽、冥想和與他人分享感受。	學習如何管理壓力和保持身心健康，對於長期的職業生涯和個人福祉至關重要。

項目	亮點	學習重點
專業成長	ChatGPT鼓勵康華珍持續學習和提升各種專業技能和軟技能。	在漫長的職業生涯中，持續學習和提升自己的專業技能和軟技能，可說是實現成功和滿足的關鍵。

👤 **Vista 的提問**　做為總經理秘書，康華珍可能很難拒絕老闆交辦的各種工作任務，好比加班或臨時出差的要求。那麼她該如何適度地說「不」呢？又該如何做好向上管理呢？請你繼續分飾兩角，來給予一些行動方針與具體的建議。

👤 **康華珍**　「ChatGPT，我發現自己經常難以拒絕總經理要我加班，或是臨時出差的要求。這對我的生活品質造成了很大的影響。我已經很久沒有休假了，請問該怎麼適當地表達我的處境和立場呢？」

⑤ **ChatGPT**　「嗯，這確實是一個挑戰，康華珍。關鍵在於如何適當地跟老闆表達妳的問題，同時保持對工作的專業態度。當面臨過重的工作負擔時，妳可以嘗試清晰而有禮地表達自己的擔憂。」

👤 **康華珍**　「嗯，你能給我一些具體的建議嗎？」

⑤ **ChatGPT** 「當然。例如：當總經理提出加班的要求時，妳可以這樣回答：『我理解這項工作的重要性，但我已經有預先安排的家庭責任。我能否在明天早上優先處理這項任務？』這樣的回答既顯示出妳對工作的承諾，又表達了妳個人的一些請求。」

🔲 **康華珍** 「這聽起來很合理。那在向上管理方面，我該如何改善與總經理的溝通和協作呢？」

⑤ **ChatGPT** 「在向上管理方面，建立開放且誠實的溝通是關鍵。定期與總經理進行一對一的會談，這是一個良好的開始。在會談中，妳可以討論工作進度，表達妳對工作流程的看法，並提出任何可能的改善建議。」

🔲 **康華珍** 「那如果我的意見與總經理有所不同，我應該怎麼辦？」

⑤ **ChatGPT** 「當意見不同時，重要的是保持尊重並提供具體的理據。妳可以這樣表達：『我理解您的觀點，但根據我的經驗，我認為另一種方法可能會更有效。我可以詳細說明我的想法嗎？』這樣的方式有助於展開建設性的對話，同時顯示妳的主動性和專業性。」

康華珍 「這些建議真的很有幫助,謝謝你,ChatGPT。」

透過這種對話形式,康華珍可以學習如何在保持專業態度的同時,適當地表達自己的需求和意見。這不僅有助於她更好地管理工作負擔,也能改善與總經理的溝通和關係,進而實現有效的向上管理。

> **Vista 的提問** 康華珍遇到一個難解的問題,萬一她的老闆沒有同理心,多次拒絕她的請求,該怎麼辦呢?

ChatGPT 假設康華珍遇到這樣的挑戰,即面對一位缺乏同理心且經常拒絕她請求的老闆時,她需要採取一些策略來處理這個問題,同時保持專業和積極的態度。讓我們透過對話來探索她可以採取的行動。

康華珍 「ChatGPT,可能因為公司業務繁忙的關係,我發現我的老闆經常沒有同理心,即使我已經表達了工作上的困難,他也經常拒絕我的請求。請問如果遇到這種狀況,我該怎麼辦?」

ChatGPT 「嗯,這確實是一個挑戰。首先,重

要的是要保持冷靜和專業。嘗試從老闆的角度理解問題，這可能會幫助妳換位思考，可以心平氣和地與他溝通。」

🔲 **康華珍** 「但如果他仍然無法理解我的立場呢？」

⊚ **ChatGPT** 「在這種情況下，妳可以考慮尋求其他支援。例如：與人力資源部門討論妳的情況，尋求他們的建議或介入。有時候，第三方的介入可以幫助解開溝通僵局。」

🔲 **康華珍** 「哦，這倒是一個好主意。還有其他方法嗎？」

⊚ **ChatGPT** 「另一種方法是尋求同事的支援或建議。有時候，與經歷過類似情況的同事交流可以獲得實用的建議，同時也可以從他們那裡獲得情感上的支持。」

🔲 **康華珍** 「如果這些方法都不奏效，我該怎麼辦？」

⊚ **ChatGPT** 「如果妳已經嘗試了所有途徑而情況仍未改善，那麼可能需要重新考慮妳的職涯發展，另外找一個更好的職業路徑。畢竟一個良好的工作環境應該是支持和尊重員工的；在極端情況下，尋找一個

更適合妳的工作環境可能是最佳選擇。」

🔖 **康華珍**　「好的，我會考慮你的建議。謝謝你，ChatGPT。」

在處理與缺乏同理心的老闆的關係時，採取積極且多方位的策略是極其重要且關鍵的。康華珍需要在保持專業的同時，尋找不同的方法來解決問題，並在必要時尋求外部幫助或考慮其他選項。

🔖 **Vista 的提問**　康華珍還遇到一個困擾，就是某幾位特定的同事老以為她是老闆的人馬，所以時常對她有戒心，沒有給她好臉色。請你針對同事相處與橫向溝通的議題，給她一些可行的建議，好嗎？

💠 **ChatGPT**　當康華珍在職場中遇到同事對她有戒心或不友好的態度時，她需要採取一些策略來改善同事間的關係和溝通。讓我們透過對話的形式來探索她可以如何應對這種情況。

🔖 **康華珍**　「ChatGPT，我發現有幾位同事對我有戒心，好像覺得我是老闆的人馬。他們對我不太友好，這讓我在工作中感到困擾。請問一下，我該怎麼改善

與他們的關係呢？」

⑤ **ChatGPT** 「別擔心，這的確是職場上一個常見的挑戰。首先，重要的是保持開放和友好的態度。妳可以嘗試主動與這些同事溝通，表達妳沒有惡意，而且願意協助和支持他們的工作。」

🔃 **康華珍** 「這些原則我懂，可是我該怎麼溝通呢？如何跟他們伸出橄欖枝？是不是要主動請客呢？」

⑤ **ChatGPT** 「一個好的開始是在非正式的場合，好比午餐時間或休息時間，與他們聊聊天。妳可以試著找到共同的話題，比如：工作以外的興趣或活動，像是討論最近看了哪齣韓劇或日劇？或是，最近百貨公司的週年慶，大家都買了哪些東西？此外，當他們需要幫助的時候，妳可以積極提供協助，如此一來便可以幫助建立彼此之間的信任。」

🔃 **康華珍** 「好，我會試試！但如果他們仍然對我有戒心怎麼辦？」

⑤ **ChatGPT** 「如果他們持續有戒心，還是沒有改善妳們的關係的話，妳可以考慮直接而有禮貌地表達自己的感受。例如：妳可以說：『我注意到我們在溝通上似乎有些障礙，我真心希望我們能更好地合作。

如果有什麼我做得不對的地方，請告訴我，我願意聽取大家的意見。』這樣的表達方式既凸顯了妳的誠意，又能彰顯自己願意改善和對方關係的態度。」

🔲 **康華珍** 「哦，這聽起來像是一個好策略。我還有一個問題，那就是我應該如何避免被誤解是老闆的人馬呢？」

◉ **ChatGPT** 「要避免這種誤解，關鍵是保持公正和中立。在處理與同事的事務時，確保妳的行為公平且透明。避免偏袒任何一方，並確保妳的溝通和行動都是以團隊的最佳利益為出發點。」

🔲 **康華珍** 「好的，謝謝你的建議，我會試著去實踐它們。」

透過這樣的策略，康華珍可以逐步改善與同事的關係，減少誤解和戒心。保持開放、誠懇的態度，並努力展現自己做為一名團隊成員的公正和專業，對於建立良好的工作關係至關重要。

3. 科技公司程式設計師的
軟體開發品質提升

> **🧑 Vista 的提問**　假設你是一位傑出的軟體開發總監，接下來我要請你分飾兩角：模擬趙明遠和 ChatGPT 的對話，並且為他梳理現有的工作任務，讓他可以成為一位獨當一面的程式設計師。請指點他如何加快程式開發的速度，但是又要同時提升程式代碼的品質？

⑤ ChatGPT　當然沒問題！讓我們透過模擬對話，來探討趙明遠如何提升自己的程式開發速度和程式代碼品質，成為一位獨當一面的程式設計師。

🧑 趙明遠　「嗨，ChatGPT，我在大學時代讀的並不是資訊工程的相關科系，但我看了《賈伯斯傳》之後，覺得寫程式很有成就感，有機會可以改變世界！所以我是最近一兩年才開始正式轉行從事程式設計！但是最近我遇到了一個瓶頸。我想提高自己的開發速度，但同時也想確保程式代碼的品質。請問你有什麼建議嗎？」

⑤ **ChatGPT** 「當然，趙明遠。我可以感受到你對程式開發的熱情，讓我來幫幫你吧！首先，提高開發速度的關鍵，在於有效的時間管理和合理的任務規劃。你可以嘗試使用敏捷開發方法，例如：Scrum 或 Kanban，這可以幫助你更快地完成開發任務。」

🏹 **趙明遠** 「嗯，我知道敏捷軟體開發，但是我不太熟悉欸！可以請你給我具體一點的指導嗎？」

⑤ **ChatGPT** 「當然。在敏捷開發中，你可以將大型任務分解成小的、可管理的部分，並確保每一部分都有明確的目標和截止日期。這樣不僅可以提高你的開發速度，還可以幫助你更好地追蹤進度和及時調整計畫。」

🏹 **趙明遠** 「聽起來不錯。那關於提升程式代碼品質的部分呢？」

⑤ **ChatGPT** 「提升程式代碼品質的一個關鍵策略是實施程式代碼審查（Code Review）。這不僅可以幫助你及早發現和修正錯誤，還可以促進團隊間的知識共享。此外，定期進行系統重構，也有助於保持程式代碼的清晰和可維護性。」

趙明遠　「好哦，那如果我在開發過程中遇到瓶頸，該怎麼辦？」

ChatGPT　「當你遇到困難的時候，別擔心！請不要猶豫尋求同事的幫助。合作解決問題不僅可以提高解決問題的效率，還可以促進團隊協作。同時積極參與專業培訓和學習最新的技術趨勢，這對於提升你的專業技能非常重要。」

趙明遠　「謝謝你的建議，我會努力的。」

透過這樣的對話，趙明遠可以獲得實用的建議來提升自己的程式開發速度和程式代碼品質。有效的時間管理、敏捷開發方法、程式代碼審查和團隊協作是提升開發效率和程式代碼品質的關鍵因素。

表6-6 Vista的對話觀察與分析

項目	亮點	學習重點
提問技巧	趙明遠的提問很聚焦，他清楚地表達了自己的需求：提高開發速度，並確保程式代碼的品質。	在尋求幫助時，明確且具體地表達自己的需求和目標，有助於對方提供更有效的建議和解決方案。

項目	亮點	學習重點
回答 策略	ChatGPT在回答時，不僅針對趙明遠的具體問題提供了建議，還進一步擴展到相關的專業技能和個人發展。	在回答問題時，從不同面向切入，有助於ChatGPT提供更多元且全面的建議，可以幫助對方從多個角度改善和提升。
敏捷 開發 方法	ChatGPT建議趙明遠使用敏捷開發方法，例如Scrum或Kanban，並解釋了如何實施這些方法。	理解並實施敏捷開發方法，可以幫助提高程式代碼的開發效率，並有助於專案管理。
程式 代碼 審查	ChatGPT強調了程式代碼審查的重要性，並解釋了它如何幫助提升程式代碼的品質。	定期進行程式代碼審查，可以及早發現和修正錯誤，提升程式代碼的整體品質。
團隊 協作	ChatGPT鼓勵趙明遠在遇到困難時尋求同事的幫助，強調團隊協作的重要性。	在開發過程中積極與團隊合作，可以提高問題解決的效率，此外還可促進知識共享。
持續 學習	ChatGPT建議趙明遠積極參與專業培訓，並且持續進修和學習最新的技術趨勢。	持續學習和提升專業技能，對於程式設計師的職涯發展來說至關重要。

🔲 **Vista的提問**　你可以針對程式代碼審查的部分，給予趙明遠一些具體的行動方針嗎？請你模擬一個真實案例，透過對話方式為他進行講解？

Ⓢ **ChatGPT**　當然可以。讓我們透過一個模擬的真

實案例，來為趙明遠講解有關程式代碼審查的具體行動方針。

趙明遠 「ChatGPT，我明白程式代碼審查的重要性，但我不確定該怎麼有效地進行。你能給我一些具體的指導嗎？」

ChatGPT 「當然可以。讓我們透過一個具體的案例來講解。你最近是不是剛剛完成了一個新功能的開發，這個功能是讓用戶能夠透過電子郵件重設他們的密碼。」

趙明遠 「對，你真神通廣大！我最近的確剛寫好了這個新功能。」

ChatGPT 「很好，第一步是確保你的程式代碼清晰且有良好的註釋。這意味著每個函數和重要的代碼區塊後頭，都有附上解釋其目的和工作方式的註釋。」

趙明遠 「明白了，然後呢？」

ChatGPT 「接著，你可以提交你的程式代碼到版本控制系統，並創建一個程式代碼審查請求。在這個請求中，指定一位或多位同事來審查你的程式代

碼。」

趙明遠 「好，沒問題，不過我該怎麼選擇合適的同事來審查？」

ChatGPT 「選擇對這個功能領域有經驗的同事，他們可以提供有價值的意見回饋。同時也考慮邀請一些新同事，這可以幫助他們了解程式代碼庫和開發流程。」

趙明遠 「嗯，那他們審查完了以後呢？我該做什麼？」

ChatGPT 「在他們審查後，你應該會收到他們的意見回饋。其中，可能包括對程式代碼品質的若干建議，性能改進，甚至可能發現一些錯誤。你需要仔細考慮這些意見回饋，並在必要時對程式代碼進行修改與迭代。」

趙明遠 「好，如果我對某些意見回饋有異議呢？或者他們根本搞錯了的話，該怎麼辦？」

ChatGPT 「如果你對某些意見回饋有異議，可以進行討論。程式代碼審查是一個協作過程，目的是提升程式代碼的品質，而不是『雞蛋裡挑骨頭』。開放和誠實的溝通，對這個過程至關重要。」

趙明遠 「我明白了。謝謝你的建議，我會努力的！」

透過這樣的對話，趙明遠可以了解到程式代碼審查的具體步驟和最佳實踐。重點是保持程式代碼的清晰和可讀性，並進行有效的溝通和合作，以提升軟體開發的品質和團隊的協作效率。

Vista的提問 針對程式代碼審查，趙明遠必須撰寫相關的技術文件跟報告。你可以透過對話方式，逐步教他怎麼寫嗎？並且提供一份程式代碼審查的報告格式給他參考？

ChatGPT 好的，沒問題。讓我們透過對話的形式來探討趙明遠應該如何撰寫程式代碼審查的技術文件和報告，並提供一個基本的報告格式供他參考。

趙明遠 「ChatGPT，我需要撰寫一份程式代碼審查的技術文件和報告，但我不太確定應該怎麼寫。你能幫我嗎？」

ChatGPT 「當然可以，趙明遠。撰寫程式代碼審查報告時，你應該明確地記錄下審查的過程、發現

的問題，以及建議的改進措施。」

🧑 **趙明遠** 「了解！那我應該從哪裡開始？」

⑤ **ChatGPT** 「首先，從概述開始。在報告的開頭，簡要說明被審查的程式代碼功能和目的，以及審查的時間和參與人員。」

🧑 **趙明遠** 「明白了，那接下來呢？」

⑤ **ChatGPT** 「接著，進入詳細的審查內容。列出你在程式代碼中發現的每個問題或可以改進的地方，並提供具體的程式代碼位置。」

🧑 **趙明遠** 「呃，我該如何提出改進建議？」

⑤ **ChatGPT** 「對於每個發現的問題，提出清晰且具體的改進建議。如果可能，給出代碼修改的範例或參考。」

🧑 **趙明遠** 「請問有沒有一個基本的報告格式可以參考？」

⑤ **ChatGPT** 「當然。這裡有一個基本的格式：

程式代碼審查報告

概述
- 審查目標：[被審查的程式代碼功能描述]
- 審查日期：[審查進行的日期]
- 參與人員：[參與審查的人員名單]

審查結果
問題一
- 位置：[具體的程式代碼位置]
- 描述：[問題描述]
- 建議：[改進建議]

問題二
- 位置：[具體的程式代碼位置]
- 描述：[問題描述]
- 建議：[改進建議]
- ...

結論和建議
- [總結審查發現的主要問題和總體改進建議]

🔲 **趙明遠** 「哇！這真的很有幫助，謝謝你，ChatGPT。」

透過這樣的對話和範例，趙明遠可以學習到如何有效地撰寫程式代碼審查的技術文件和報告。這將幫助他更清晰地記錄審查過程，並為團隊提供有價值的回饋。

🔲 **Vista 的提問** 趙明遠還有一個困擾，那就是在工作上指導他的師傅雖然誇讚他有寫程式的天賦，但卻

也時常批評他的程式代碼很「髒」。請問，對於半路出家的趙明遠來說，他該如何克服這個問題呢？

🌀 **ChatGPT** 當趙明遠面對他的師傅對於程式代碼品質的批評時，他需要採取積極的方法來提升自己的程式代碼品質。下面是一些具體的建議：

🧑 **趙明遠** 「ChatGPT，我的師傅人很好，不但帶我入行，他也時常誇我寫程式有天賦，天生適合吃這行飯！但是他也時常說我的程式代碼很『髒』、很『爛』。請問一下，我該怎麼改善我的程式代碼品質呢？」

🌀 **ChatGPT** 「這是一個很好的問題，趙明遠。首先，所謂很『髒』的程式代碼通常指的是那些難以閱讀、維護和日後擴展的程式代碼。如果你想要提高程式代碼的品質，有一個重要的關鍵就是你得學習和遵循良好的開發邏輯、慣例。」

🧑 **趙明遠** 「你能給我一些具體的建議嗎？」

🌀 **ChatGPT** 「當然。首先，確保你的程式代碼有良好的結構和清晰的邏輯。這意味著使用適當的函數和類別來組織程式代碼，並確保每個函數或類別都有單一且明確的責任。換句話說，你得學會程式代碼重構（Refactoring）。」

趙明遠　「嗯，這聽起來有道理。請問，你還有其他建議嗎？」

ChatGPT　「另外，確保你的程式代碼有清晰的註釋和文件。這對於其他開發者（包括未來的你）理解和維護程式代碼，可說是至關重要唷！同時避免過度複雜的程式代碼結構也很關鍵，你要知道，簡潔的程式代碼往往更容易維護和減少錯誤。」

趙明遠　「好的，我知道了！那我應該如何學習這些軟體開發的原則呢？」

ChatGPT　「嗯，一個簡單的方法就是先從閱讀和分析高品質的程式代碼開始！你可以參考 GitHub 上頭的一些開源專案，閱讀其他經驗豐富的開發者的程式代碼，並嘗試理解他們如何組織和實現功能。此外，參加一些軟體開發的研討會或自費報名一些線上的程式設計課程，也會對你有幫助哦！」

趙明遠　「嗯，這些方法聽起來都很棒，我會嘗試去做的。謝謝你呀，ChatGPT。」

透過這些建議，趙明遠可以逐步提高他的程式代碼品質，進而成為一名更優秀的程式設計師。

⑥ ChatGPT 當然可以。我將示範一段簡單的高品
質程式代碼，並使用表格來解釋各部分的特點和原
因。假設我們要寫一個簡單的函數，用於計算兩個數
的和並返回結果。我將用 Python 語言來寫這個示例，
因為 Python 語言的語法簡潔，易於理解。

程式代碼示例

```python
def add_numbers(num1, num2):
    """
    Calculate the sum of two numbers.

    Parameters:
    num1 (int): The first number to add.
    num2 (int): The second number to add.

    Returns:
    int: The sum of num1 and num2.
    """

    return num1 + num2
```

```python
def add_numbers(num1, num2):
    """
    Calculate the sum of two numbers.

    Parameters:
    num1 (int): The first number to add.
    num2 (int): The second number to add.

    Returns:
    int: The sum of num1 and num2.
    """
    return num1 + num2
```

程式代碼解說

程式代碼部分	解釋
def add_numbers(num1, num2):	函數定義，明確命名函數為add_numbers，表示其功能是添加數字。num1和num2是參數名稱，直觀表明它們是要相加的數字。
""""""（三引號）	這是一個多行註釋，用於說明函數的目的和使用方法。
Calculate the sum of two numbers.	函數描述，清楚地說明了這個函數的作用。
Parameters:	參數部分，詳細說明每個參數的意義和類型。
num1 (int): The first number to add.	解釋num1參數，說明它應該是一個整數，是相加的第一個數字。
num2 (int): The second number to add.	解釋num2參數，同樣說明它是一個整數，是相加的第二個數字。

程式代碼部分	解釋
Returns:	返回值部分，說明函數返回的數據類型和意義。
int: The sum of num1 and num2.	說明返回值是一個整數，代表num1和num2的和。
return num1 + num2	函數的主體，執行加法操作並返回結果。

透過這個案例的展示，趙明遠可以看到高品質程式代碼的幾個關鍵元素：

· 清晰的命名。

· 詳細的註釋。

· 直觀的參數和函數結構。

不難想見，這些元素都是編寫高品質程式代碼的重要關鍵。透過ChatGPT的講解，彷彿也讓趙明遠上了一堂程式開發課。

隨著本章的落幕，我們不僅穿越了數位工作流程轉型的門檻，還一同體驗了ChatGPT在現代職場中的神奇魔力。從楊綺恩的精準時間管理、康華珍的巧妙溝通技巧，到趙明遠的創意問題解決方案，這些生動的案例向我們展示了一個事實：在這個快速變化的世界中，擁抱AI不僅是一個選擇，

更是一種必然。

在這段旅程中，我們學會了如何讓 ChatGPT 成爲我們的思考夥伴，如何讓它幫助我們捋順思路、提升效率，甚至是在壓力山大時給予我們心靈的慰藉。這不僅是技術的勝利，更是人類智慧的光輝展現。

然而要充分利用這樣的工具，我們需要的不僅是技術知識，更重要的是一顆開放和學習的心。我們需要學會與 AI 合作，而不是對抗；我們需要學會尊重它的能力，同時也要意識到它的局限。

讓我們一起活用 ChatGPT 等 AI 工具，寫下精釆的職場新篇章。這不僅是爲了提升工作的效率，更是爲了追求豐富且快慢有致的生活。現在就讓我們攜手共進吧！

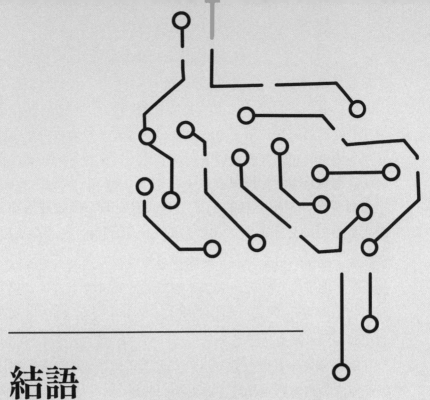

結語

親愛的讀者朋友，面對風起雲湧的 AI 時代，我們能夠躬逢其盛，真是何其有幸！當我們站立在 2024 年這個 AI 技術飛速發展的關鍵年代上，身為本書作者的我，想與您分享一些深刻的思考和真摯的感受。

彷彿參與了書寫 AI 歷史的過程，當我回顧 2022 年到 2023 年的劇烈變化，親眼目睹了人工智慧在語言理解、視覺識別與決策制定等多重領域所取得的重大進步。自然語言處理無疑開啟了嶄新的紀元，而多模態智慧的融合與創新，也讓虛擬體驗更加豐富互動，而知識圖譜與深度學習的結合更是提高了資訊檢索和決策支持的準確性。至於生成式 AI 所掀起的千層巨浪，那更是不待多言！

在這本書中，我們討論了 AI 對職場人士的深遠影響，從技能需求的轉變到工作流程與方法的改變，再到持續學習的重要性。我們也探討了如何把握 AI 時代的機遇，從學習 AI 基礎知識到實踐應用，再到跨領域合作，這些都是在快速變化的時代中保持競爭力、把握職涯發展新契機的重大關鍵。

而做為這本書的結語，在此我想對您表達我的深切感激。您的閱讀、思考和行動，是我們得以共同在這個知識海洋中航行的動力。面對 2024 年的 AI 發展趨勢，我有以下幾點建議：

持續學習與適應：面對 AI 技術的快速發展，我們必須不斷更新自己的軟技能與專業知識，以適應不斷變化的世界。

積極實踐：將各種趨勢與理論應用於日常工作和生活，親

身體驗 AI 帶來的改變和便利。

平衡技術與人性：在擁抱 AI 的同時，別忘了善用我們人類獨有的創造力、同情心和直覺。用你的美妙思維去覺知這個社會，也用你的溫度和情懷去感染這個世界。

關注隱私與道德：在使用 AI 工具時，我們需要注意隱私保護和道德問題，確保技術使用不僅高效，也是負責任的。

在這場有關資訊科技的革命中，我們不僅是見證者，也是參與者。讓我們一起用 ChatGPT 和其他 AI 工具，創造一個充滿智慧與情感的高效人生。願您在這個充滿挑戰與機遇的時代中，始終保持好奇和熱情，開創屬於自己的精采故事。

最後，再次感謝您的陪伴和支持。希望這本書成為您在這個 AI 時代中的指路明燈，照亮您前進的道路。我們的旅程從未結束，它只是開啟了嶄新的篇章。願您在這個充滿機遇的新時代中，創造出屬於自己的美好未來。

在這本書的每一章中，我們一起探索了 ChatGPT 如何成為您的助手，如何幫助您在工作中快速而準確地處理資訊，甚至如何在創意寫作和策略規劃中提供靈感。毫無疑問，這些都是 AI 技術如何幫助我們提升生活與工作品質的絕佳案例。

而現在，時序進入了 2024 年，我們有機會把這些學到的知識和技巧運用到更廣泛、更深層的領域。無論是在職場上，還是在我們的個人生活中，ChatGPT 都可以成為我們

寶貴的神隊友，以更有趣、多元的方式幫助我們理解這個世界，並在其中找到自己的位置。無論您身處哪一行，做什麼樣的工作，我都希望，2024年是我們每位讀者朋友的AI元年！

現在就讓我們一起踏上這場精采的旅程。用ChatGPT開啟您的每一天，用它來提升您的工作效率，用它來激發您的創造力，並用它來滋潤您的人際關係。置身在這個迅速變遷的AI時代，我希望大家都能用正確的心態來擁抱AI技術，成為一名真正意義上的「高效工作者」。

最後，再次感謝您的陪伴和支持。希望這本書能夠成為您在這個AI時代中的指路明燈，照亮您前進的道路。是的，我們的旅程從未結束，它只是開啟了新的篇章。祝福您在這個充滿機遇的新時代中，創造出屬於自己的美好未來。

親愛的讀者，讓我們一起攜手前行！

最後，送上我對大家的祝福：這是我透過DALL·E 3所生成的圖片，主題是「AI時代的旅程」。祝福親愛的讀者朋友，都能順利踏上AI時代的康莊大道！

Vista 敬上

2023年11月19日，臺北市民生社區

附錄
讀者延伸學習素材

1. 電子別冊——AI好好用：ChatGPT職場應用寶典

關於ChatGPT的應用概念與提問框架，本書已經提出全面的解決方案。面對AI浪潮，與時俱進不斷增添多幾把刷子，絕對是致勝祕訣。在此，特別收錄作者在進行相關議題講座時經常提到、也深受歡迎的實用概念與技法。

這項素材以「電子別冊」的形式，提供給有心想要更進一步增強認知，與增添工具的讀者。

下載此電子別冊，請於瀏覽器輸入 https://bit.ly/41xzCCa

或者掃描 QRcode

2. 線上課程——讀者專屬 AI 精華課

如何充分發揮 ChatGPT 的價值，精準提問？

結合本書概念的手把手實作篇，就在「AI 精華課」裡面！

觀看讀者專屬線上課程，請於瀏覽器輸入

https://bit.ly/3RtQdC1

或者掃描 QRcode

國家圖書館出版品預行編目(CIP)資料

ChatGPT 提問課, 做個懂 AI 的高效工作者 : 從零基礎到對答如流 ,ChatGPT 職場應用指南 / 鄭緯笙 (Vista Cheng) 著 . -- 初版 . -- 新北市 : 虎吉文化有限公司, 2024.01

面；　公分 . -- (Method ; 4)

ISBN 978-626-97496-7-6(平裝)

1.CST: 人工智慧　2.CST: 機器學習　3.CST: 工作效率
4.CST: 職場成功法

312.83　　　　　　　　　　　112020859

虎吉文化

Method 04

ChatGPT 提問課，做個懂 AI 的高效工作者
從零基礎到對答如流，ChatGPT 職場應用指南

作　　　者	鄭緯笙（Vista Cheng）
總 編 輯	何玉美
校　　　對	張秀雲
封面設計	丸同連合
內頁設計	丸同連合
排　　　版	陳佩君
行銷企畫	王思婕
發　　　行	虎吉文化有限公司
地　　　址	新北市淡水區民權路 25 號 3 樓之 5
電　　　話	（02）8809-6377
客　　　服	hugibooks@gmail.com
經 銷 商	大和書報圖書公司
電　　　話	(02)8990-2588
印　　　刷	沐春行銷創意有限公司
初版一刷	2024 年 1 月 4 日
定　　　價	400 元
I S B N	978-626-97496-7-6

HUGIBOOKS